알수록 재미있는 수학자들

근대에서 현대까지

알수록 재미있는 수학자들

근대에서 현대까지

초판 1쇄 인쇄일 2020년 10월 5일
초판 1쇄 발행일 2020년 10월 15일

지은이 김주은 감수 박구연
펴낸이 김지영 펴낸곳 지브레인Gbrain
편집 김현주
마케팅 조명구 제작 · 관리 김동영

출판등록 2001년 7월 3일 제2005-000022호
주소 04021 서울시 마포구 월드컵로7길 88 2층
전화 (02)2648-7224 팩스 (02)2654-7696

ISBN 978-89-5979-639-7(04410)
978-89-5979-640-3(SET)

- 책값은 뒤표지에 있습니다.
- 잘못된 책은 교환해 드립니다.

알수록 재미있는
수학자들

근대에서 현대까지

김주은 지음 박구연 감수

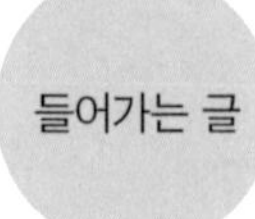

'거인의 어깨에 서서 더 넓은 세상을 바라보라'고 했던 아이작 뉴턴의 격언을 처음 접했을 때는 있는 그대로 받아들였다.

수많은 위대한 수학자, 과학자들의 연구를 바탕으로 인류의 대표적인 과학자가 된 뉴턴의 겸손함 그리고 인류가 쌓아온 학문이 새로운 학문의 발전을 이끌어낸다는 그런 뜻으로 말이다.

그 다음에는 넓은 세상을 보아야 한다는 뜻으로도 해석됨을 알았다. 인류의 지적 자산을 토대로 위대한 발견을 한 이 천재가 폭넓은 사고를 하며 높고 넓은 시야로 세상을 바라보았기에 그것이 가능했다고 생각하게 된 것이다.

처음 《알수록 재미있는 수학자들 고대에서 근대까지》을 준비할 때는 수학자들의 연구에 초점을 맞추었다. 공식과 그로 인한 결과 그리고 그 영향을 소개하는 수준이었다.

근현대로 오면서 가장 많이 생각하게 된 것이 뉴턴의 저 격언이다.

19세기 후반부터 20세기 수학은 수학이 역동적으로 살아 숨쉬며 본격적으로 다양한 분야와 협업을 시작한다.

그 기저에는 그동안 인류의 역사에 켜켜이 쌓인 수많은 연구들이 바탕이 되어 더 복잡하고 세상을 더 빠르게 변화시키는 융합수학이 움직이고 있다.

《알수록 재미있는 수학자들 근대에서 현대까지》에는 공식보다는 위대한 수학자들의 연구가 지금 우리 생활을 어떻게 변화시키고 있는지에 대한 기본 정보를 담았다.

컴퓨터의 기초를 세운 수학자와 컴퓨터 언어를 개발한 수학자들의 연구는 우리가 상상할 수 없는 혹은 수많은 시간을 필요로 하는 계산을 가능하게 했고 이를 토대로 새로운 수학 법칙(예를 들어 게임법칙)

들은 사회 · 문화 · 정치 분야를 분석하고 간섭하며 변화시키고 있다.

날씨에 대한 예측도 수학 없이는 불가능했다. 댐을 건설하고 도로를 만들고 재난에 대비하는 모든 것들이 수학자들의 발견을 이용하고 있다.

이 책에는 어려운 공식은 넣지 않았다. 혹시 있다고 해도 한번 살펴보는 정도이지 본격적으로 증명을 소개하고 있지는 않다.

제4차 산업혁명 시대를 살기 시작한 우리는 이제 코로나19로 인한 충격의 시간도 겪고 있다. 그리고 처음 경험하는 일들로 세상을 다르게 보도록 요구받고 있다. 과거의 경험으로 일을 해결하는 것이 아니라 새로운 생각과 방법을 요구받기 시작한 것이다.

수학자 박형주 소장은 지금의 초등학생 중 60%는 사회에 나왔을 때 지금 우리가 알고 있는 직업이 아니라 새로운 일자리를 갖게 될 것이라고 했다.

이제 국영수 중심의 교육이 아니라 다양한 분야를 학습하고 유연하게 사고하는 방식의 교육이 되어야 한다는 것이다.

앞으로의 세대는 복합적인 문제 해결 능력을 갖추어야 하며 이는 현재 수학이 가는 길과 많이 닮아 있다.

경제, 문화, 정치, 환경 등 우리 생활 전반에 걸쳐 수학적 원리가 적용되고 있으며 사회현상을 분석하고 해결하기 위한 대책이나 미래를 예측하고 준비하는 과정에도 다양한 수학 분야가 이용되고 있다.

선물옵션의 현재가를 계산하는 방법 중에는 미분이 적용된 블랙숄즈 모형이 있으며 금융은 수학이론이 적용되는 대표적인 분야이다.

감염성 질병의 역학을 분석하는 데에는 연립미분방정식이 이용되고 있으며 코로나19 방역에도 수학 모델링이 적용되고 있다. 미래 시대는 바이러스의 시대가 될 것이라는 예상도 있다. 때문에 수학 모델링은 더더욱 활용도가 높아질 것이다.

날씨와 지진, 태풍, 가뭄 등의 예측에도 수학 분야가 활용된다. 특수 효과가 필요한 영화들, 의료, 교통, 건설, 문화 등 거의 모든 분야에서 수학이 적용되어 응용수학의 세상이 펼쳐질 것이다.

《알수록 재미있는 수학자들 근대에서 현대까지》에서 여러분이 만나게 될 수학자들은 이와 같은 세상의 기초가 된 이론들을 소개했다.

빅데이터의 시대, 수학적 능력을 갖춘 이들에게 더 많은 기회가 갈 것임을 우리 모두는 알고 있다.

이 책을 읽는 동안 수학은 그저 이론으로만 존재하는 학문이 아니라 세상을 바꾸고 있고 우리도 그 세상 속에서 새로운 세상을 만들어나가게 될 것임을 알게 되는 시간이기를 바란다.

앞으로의 세상은 사회·문화·경제·정치 모든 분야에서 수학자를 필요로 하는 시대가 기다리고 있는 만큼 재미없고 따분한 수학이란 생각 대신 미술품을 감정하고 빅데이터로 새로운 가치를 창조하고 키우며 세상을 흥미롭게 만드는 수학의 세계를 발견하게 되었으면 한다.

우리가 꿈꾸는 세상에 보다 더 가까이 갈 수 있는 방법에는 수학이 있음을 기억하자.

contents

contents

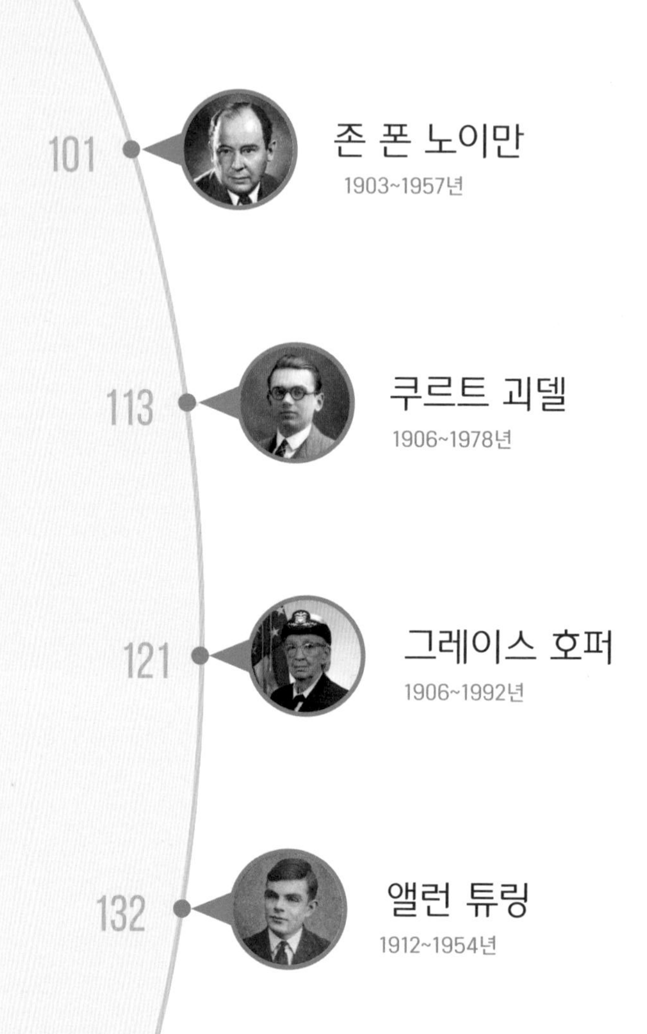

Adrien Marie Legendre

1

아드리앵 마리 르장드르

1752~1833년

라그랑주, 라플라스와 함께

프랑스의 3대 수학자 중

한 명

르장드르 함수

이곳에는 간단하게 르장드르의 중요 공식만 소개한다.

1. 르장드르 다항식의 생성함수는 다음과 같다.

$$g(x,\ t) = \frac{1}{\sqrt{1-2xt+t^2}} = (1-2xt+t^2)^{-\frac{1}{2}}$$

2. 르장드르 미분방정식은 다음과 같다.

$$(1-x^2)\frac{d^2y}{dx^2} - 2x\frac{dy}{dx} + n(n+1)y = 0$$

3. 르장드르 미분방정식은 다음과 같이 간단히 나타낼 수도 있다.

$$\frac{d}{dx}\left[(1-x^2)\frac{dy}{dx}\right] + n(n+1)y = 0$$

현대 수학, 물리학 분야에 큰 영향을 준 천재 수학자

르장드르는 라그랑주, 라플라스와 함께 프랑스의 3대 수학자 중 한 사람으로 꼽힌다.

프랑스 파리의 부유한 집안에서 태어나 프랑스 혁명으로 전 재산을 몰수당한 후 결혼으로 빈곤을 극복한 뒤 수학과 물리학에 큰 업적을 남긴 학자로서의 삶을 살았다.

르장드르의 이름이 붙은 공식과 발견에서 확인할 수 있듯 그의 연구는 수학 분야뿐만 아니라 과학 전반에 걸쳐 이루어져 양자역학 분야를 비롯해 수많은 과학자들의 연구에 영향을 미쳤다.

그중에서도 다항식의 근에 대한 연구는 갈루아 이론의 바탕이

르장드르와 푸리에 그리고 그들의 공식을 표현한 이미지.

되었고 아벨의 타원함수 이론 역시 르장드르의 연구를 기초로 하고 있다.

위대한 수학자 가우스도 르장드르의 연구를 바탕으로 가우스 이론을 세웠으며 현대사회에서 중요하게 활용되는 신호 처리, 통계, 연구 데이터의 분석 등에도 꼭 알아야 할 개념이 르장드르가 개발한 최소제곱법이다.

최소제곱법이란 많은 측정값으로부터 참값에 가까운 값을 구하기 위해 각 측정값의 오차의 제곱의 합이 최소인 것을 구하는 방법을 말한다.

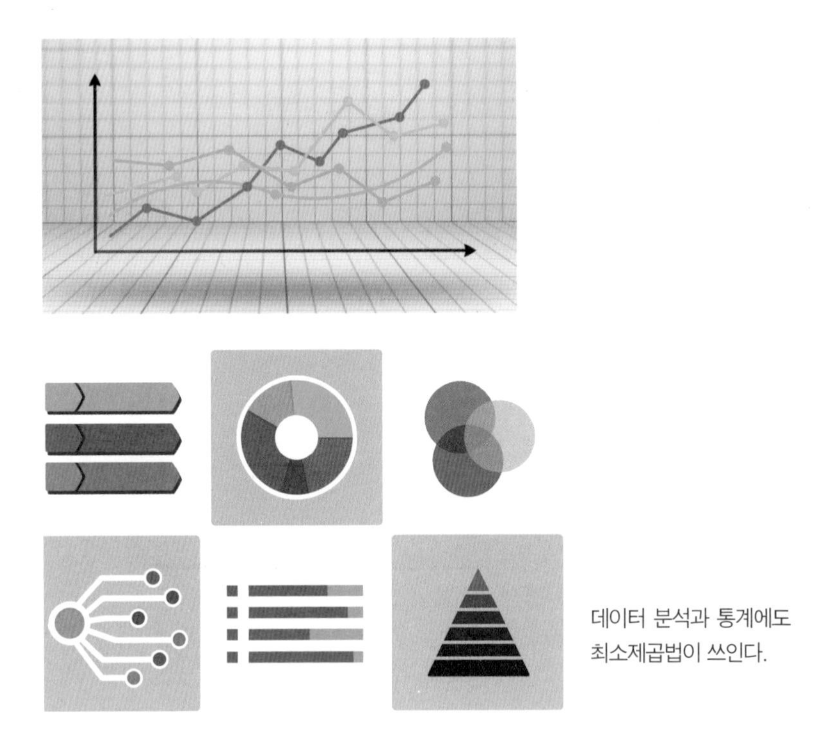

데이터 분석과 통계에도 최소제곱법이 쓰인다.

천재라고 불린 르장드르의 수많은 연구 중 특히 손꼽히는 발견은 르장드르 미분방정식을 꼽을 수 있다.

특수미분방정식 중 하나인 르장드르 미분방정식은 이차 벡터 미분인 라플라시안의 해와 관련이 있다.

르장드르 미분방정식은 다음과 같다.

$$(1-x^2)\frac{d^2y}{dx^2}-2x\frac{dy}{dx}+n(n+1)y=0$$

공간에 대한 이차미분방정식 형태인 라플라스 방정식과 슈뢰딩거 방정식의 해를 구할 때 르장드르 미분방정식의 형태를 발견할 수 있다.

정수론에서 매우 중요한 개념인 르장드르 기호Legendre symbol도 르장드르의 수학적 업적으로 꼽힌다.

르장드르 기호는 어떤 수가 이차의 나머지인지 아닌지를 나타내는 함수로 다음과 같다.

홀수 소수 p와 정수 a에 대하여, p의 배수가 아닌 a가 법 p로 제곱 잉여이면 $\left(\frac{a}{p}\right)=1$로 나타내고 제곱 비잉여이면 $\left(\frac{a}{p}\right)=-1$로 나타낸다. 이때 $\left(\frac{a}{p}\right)$를 르장드르 기호라고 한다. a가 p의 배수이면 $\left(\frac{a}{p}\right)=0$으로 나타낸다. 분수처럼 생겼지만 분수식으로 계산하지 않는다.

1830년에 르장드르는 '페르마의 마지막 정리' 중 $n=5$일 때 $x^5+y^5=z^5$을 만족하는 양의 정수 x, y, z가 존재하지 않음을 증명했다. 이처럼 수많은 수학적 업적을 남겨 르장드르는 천재 수학자로 이름 높지만 물리학자로도 유명하다. 그의 물리학적 업적 중 르장드르 변환은 일반화된 좌표계에서 운동에너지, 위치에너지, 감쇠에너지 등의 관계를 표현하는 함수인 라그랑지언(대체로 역학계의 운동에너지와 위치에너지의 차이로 주어지는 함수)을 해밀토니안(양자역학에서 양자 상태의 시간 변화를 생성하는 에르미트 연산자)으로 변환해서 풀 때 쓰이며, 열역학에서도 사용한다.

극좌표계에서 미분방정식을 풀 때 자주 나오는 르장드르 다항식 역시 물리학, 전자 공학 등에서 자주 응용하는 식이다.

또한 정수론, 해석학, 타원적분, 오일러 적분 등의 적분학과 유클리드 기하학의 기초 및 측지학 등에서도 르장드르의 업적을 찾아볼 수 있다.

그는 파리와 그리니치 천문대 사이의 삼각측량을 통해 지구의 크기를 측정하고 프랑스의 도량형 표준화 임무를 맡아 활약하기도 했다.

그의 저서《타원함수론》《오일러 적분론》《기하학 원리》등은 많은 나라의 언어로 번역되었으며 수학 교과서로도 쓰이는 등 수학사의 발전에 기여했다.

르장드르는 파리와 그리니치 천문대 사이를
삼각측량해 지구의 크기를 측정했다.

그리니치 천문대.

파리.

Carl Friedrich Gauss

2

카를 프리드리히 가우스

1777~1855년

수학의 왕이라 불리는 천재수학자

"수학은 과학의 여왕이고
정수론은 수학의 여왕이다."

등차수열

등차수열 $1, 2, 3, \cdots, n-2, n-1, n$까지의 합은

$$\sum_{k=1}^{n} k = \frac{n(n+1)}{2}$$ 이다.

$n=100$일때, $\sum_{k=1}^{100} k = 1+2+3+\cdots+98+99+100$

$$= \frac{100 \times 101}{2} = 5050$$ 이다.

10살 때 1부터 100까지의 수를 직접 더하는 방법보다, 가우스는 수열의 항을 합하는 고전적인 공식을 재발견했다.

근대 수학을 확립한
수학 왕 가우스

카를 프리드리히 가우스Carl Friedrich Gauss는 독일의 수학자, 물리학자, 측지학자로 수학의 왕이자 세계 3대 수학자로 꼽히는 천재 중의 천재이다. 그런 그가 가장 사랑했던 수학 분야는 정수론이었다. 그래서 사람들은 가우스를 떠올리면 바로 황금정리를 말한다.

벽돌공이 되어 안정적인 삶을 살 길 원했던 아버지의 바람과는 달리 가우스는 어려서부터 천재적인 수학적 재능을 보여줬다.

그의 비범함을 보여준 에피소드로 유명한 이야기가 10살 때 1부터 100까지의 합이 얼마인지를 물어보는 선생님께 등차수열의 개념으로 바로 답한 것이다.

시끄러운 10살 학생들을 조용하게 만들기 위해 선생님이 냈던 이 문제를 가우스는 바로 풀었다.

그로부터 5년 후 15살의 가우스는 브룬스비크 카롤린 대학에 진학해 본격적으로 수학 연구들을 발표하기 시작했다.

그중 최소제곱법과 제곱잉여상호법칙(이차잉여상호법칙)의 발견은 그에게 수학적 명성을 선물했다.

최소제곱법은 변량 각각의 변화가 그 집합의 평균에 미치는 영향을 연구하면서 발견하게 되었는데 이는 소행성의 궤도를 계산하기 위해 발견했다는 설과 르장드르Adrien-Marie Legendre가 기초를 세운 것을 가우스가 완성한 것이라는 설이 있다.

가우스의 최소제곱법은 자료 분석의 가장 중요한 기술 중 하나로, 통계뿐만 아니라 대부분의 과학 분야에서 사용한다.

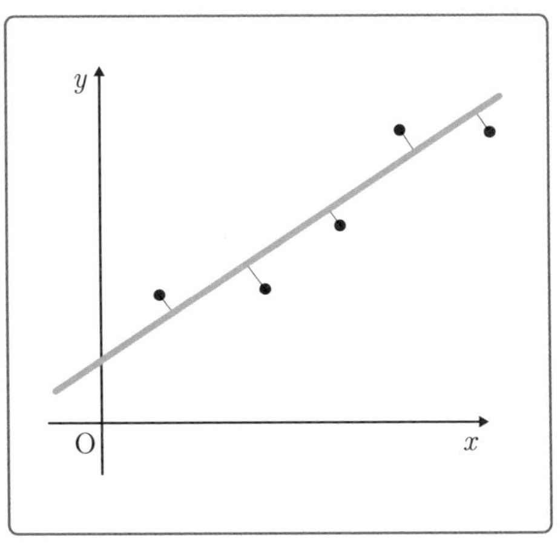

대학교에 다니는 동안 가우스는 자료의 점집합에 회귀직선을 일치시킬 수 있는 최소제곱법을 개발했다. 회귀곡선을 최소제곱법으로 수정하여 얻은 일차함수의 직선을 회귀직선이라 한다.

제곱잉여상호법칙

은 정수론자들이 지난 50여 년간 증명하고자 했지만 실패했던 이론으로, 증명에 중요한 논리를 제공했던 오일러(1783)와 르장드르(1785)의 연구를 이어받아 가우스가 1795년인 18살 생일에 증명했다.

그런데 가우스가 가장 자랑스러워한 수학적 발견은 정십칠각형의 작도를 증명해낸 것이었다.

정십칠각형의 작도는 지난 2000여 년간 수많은 수학자들을 괴롭히던 문제였다.

1795년 카롤린 대학을 졸업하고 괴팅겐 대학에 입학해 수학과 언어학을 공부했던 가우스는 3년여의 기간 동안 정십칠각형의 작도 외에도 수많은 고전 문제들을 증명했다.

그중에는 1보다 큰 양의 정수는 한 가지 방법으로 소인수분해된다는 산술의 첫 번째 기본 정리를 비롯해 산술기하평균과 이항정리에 대한 결과의 재발견도 포함한다.

1798년 헬름슈테드 대학으로 옮긴 가우스는 그곳에서 교수로 재직하며 대수학의 기본정리 중 첫 번째 증명을 해냈다. 이는 뉴턴, 오일러, 달랑베르를 비롯해 명망 높은 수학자들도 성공하지 못한 것이었다.

이처럼 수학에 관한 한 뛰어난 연구 결과를 발표하고 있던 가우스가 가장 집중적으로 연구한 분야는 정수론이었다.

정수론을 수학의 여왕이라고 부르며 열정을 가지고 연구하던 가우스는 1801년 총 7장으로 이루어진 《정수론 연구》를 출간했다.

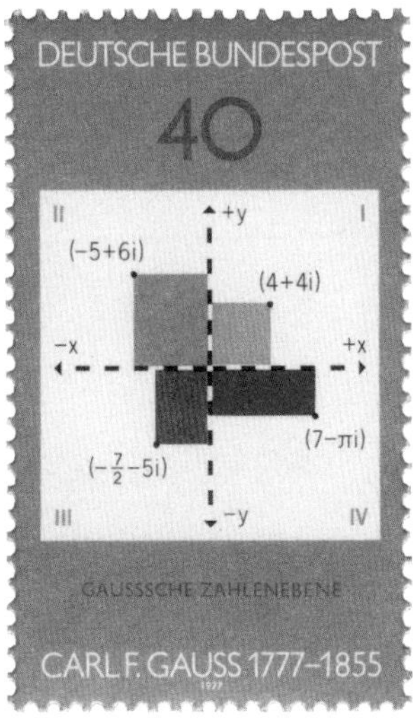

가우스의 200주년 기념우표.

이 책에는 수학자들의 연구를 정리해서 요약하고 정수론에 대한 방향 제시 등을 담았으며 산술의 기본정리, 대수학의 기본정리, 제곱잉여 상호법칙 등에 대한 증명도 모두 담았다.

《정수론 연구》는 당시 수학자들에게 걸작으로 칭송받았지만 내용이 너무 앞서 있어 제대로 이해하는 수학자는 거의 없었다.

50여 년이 지난 후에야 이 책의 가치를 제대로 이해할 수 있는 해석과 재설명이 된 이론들이 나왔으며 지금도 가우스의 《정수론 연구》는 수학사에서 가장 위대한 책 중 한 권으로 꼽히고 있다.

가우스의 업적 중에서도 가장 대표적으로 꼽을 수 있는 업적 몇 가지만 소개하면 다음과 같다.

1 최소제곱법을 발견했다.

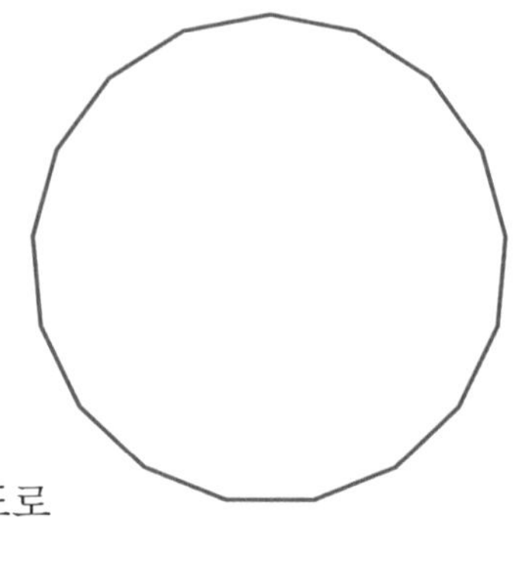

2 2000년 이상 수학자들을 괴롭혔던 고전 문제인 정십칠각형을 작도했다. 가우스는 수많은 업적 중에서도 이 정십칠각형 작도를 묘비에 새길 정도로 자랑스러워했다.

3 대수학의 기본 정리를 증명했다. 가우스는 수의 세계를 복소수의 세계로 확장하면 6차 방정식은 답이 6개, 27차 방정식은 답이 27이며 n차 방정식의 답은 n개임을 증명했다.

4 1보다 큰 모든 양의 정수는 유한개의 소수의 곱으로, 곱의 순서를 바꾸는 것을 제외하면 유일하게 표현된다는 내용의 산술의 기본정리를 증명했다. 정수의 기본정리라고도 부른다.

5 상대성이론의 바탕이 된 미분기하학의 기초를 정립했다.

6 확률통계의 완성을 이끈 정규분포 함수 이론을 정립했다.

7 선형대수학의 근본을 이루는 가우스소거법 행렬을 발견했다.

8 제곱잉여상호법칙을 7가지 방법으로 증명했다.

9 맥스웰 방정식 중 하나인 가우스 법칙을 발견했다.

10 정수론을 수학 분야로 확립시켰다. 그리고 이 정수론은 가우스의 최대 걸작으로 꼽힌다.

이 외에도 퍼텐셜이론, 환론, 복소함수론 등 그의 수학적 업적은 무수히 많다. 그중에는 그의 이름을 딴 법칙과 정리들도 아주 많다.

가우스의 천문학을 비롯한 과학 분야의 업적

《정수론 연구》를 출간하고 가우스는 천문학 분야로 관심을 돌렸다.

그가 처음 연구한 것은 이탈리아의 수학자이자 천문학자인 주세페 피아치Giuseppe Piazzi가 발견한 소행성 세레스의 재등장 시기와 위치였다.

이는 당시 천문학계의 중요 연구 분야였는데 수학자 가우스는 최소제곱법과 피아치의 관찰 내용만을 이용해 세레스의 출현 시간과 위치를 특정해 〈세레스의 궤도 경사〉라는 제목의 논문으로 발표했다.

이후 1802년부터 1818년까지 행성, 혜성, 소행성의 궤도 연구를 비롯해 수많은 천문학 연구를 65권의 저서와 논문으로 발표했고 괴팅겐 대학의 천문대 책임자가 되어 48년 동안 재직했다.

가우스가 인생에서 가장 행복했던 시기로 꼽았던 시기는 1805년부터 1809년까지로, 이 4년의 기간은 그가 결혼해 세 아이가 태어났던 시기이다. 그 세 아이의 이름을 소행성 세레스, 팔라스, 주노를 발견한 천문학자 주세페 피아치, 빌헬름 올버스, 루드비히 하딩으로 할 정도로 가우스의 천문학에 대한 애정은 컸다.

저서 《천체 운동론(1809)》에서 가우스는 미분방정식과 원뿔곡선론, 최소제곱법을 소개했다. 이는 원형, 타원형, 포물선, 쌍곡선형 중 어디에 해당되는지 모르는 상태에서 수학적인 계산만으로 행성의 궤도 결정 방법을 제시했기 때문에 천문학 분야에서는 가우스의 중요한 업적으로 손꼽는다.

하지만 이 시기에도 가우스의 수학 분야의 연구는 계속 진행

중이었다.

가우스 합에 대한 연구를 담은 〈특이급수 합에 대한 질문〉, 무한급수와 초기하함수를 소개한 〈무한급수 연구〉, 퍼텐셜이론의 중요 아이디어를 제공한 〈근사를 이용한 적분값 구하기〉 등이 이 시기의 결과물들이다.

이밖에도 가우스는 지구 표면 위의 다른 장소에서 나타나는 자기력을 연구하고 지구자기력 강도 측정 기계인 자기계를 발명했으며 북극점과 남극점이 지구의 유이한 두 자력점일 수 있음을 증명했다.

하지만 이 분야에서 가장 중요한 발견은 '가우스 법칙'의 발견이었다.

가우스 법칙은 전하에 의해 발생된 전기장의 크기를 설명하는 것인데, 폐곡면을 통과하는 전기 다발이 폐곡면 속의 전하량에 비례한다는 법칙으로, 맥스웰 방정식 가운데 하나이다.

가우스 법칙이 하나의 전하로부터 발생하는 전기장의 세기가 거리에 따라 반감되는 이유를 설명하고 있다는 것에 반해 '쿨롱 법칙Coulomb's law'은 공간에 놓인 두 점전하 사이에서 발생하는 힘을 설명하고 있다는 차이점을 빼고는 이 두 법칙은 같은 의미를 지닌다.

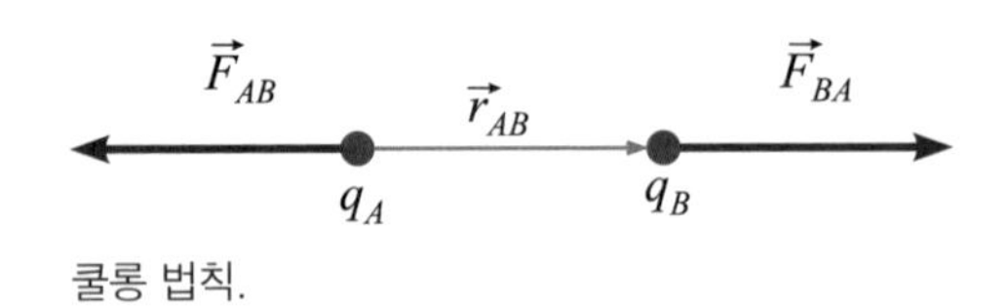

쿨롱 법칙.

이처럼 수학을 비롯해 과학 분야에 무수히 많은 업적을 남긴 가우스지만 완벽주의자였던 그는 자신의 연구에 대한 확신이 서지 않는 한 발표를 하지 않아 뒤늦게 발표하는 경우들이 많았다. 그리고 이런 이유로 다른 사람의 연구 결과를 훔쳤다는 오해도 많이 받았다.

연구가 완벽하지 않으면 아무리 획기적인 발견이라도 발표하지 않았기 때문에 뒤늦은 발표는 수많은 수학자들과 분쟁을 일으켰고 누가 먼저 발견했는지에 대한 논쟁에도 자주 휩쓸렸다.

그중에는 비유클리드 기하학에 대한 이론을 비롯해 복소함수의 적분에 대한 이론 등도 포함한다.

가우스에 대한 오해는 그가 사망한 뒤로도 40여 년이 지나서야 풀렸다. 그가 연구 내용을 기록했던 일기가 공개되고서야 그의 주장이 옳았음이 증명된 것이다. 어떤 수학자들은 가우스가 자신의 연구를 좀 더 일찍 발표했다면 전 세계의 수학사와 과학사가 바뀌었을 거라는 한탄을 하기도 했다.

그리고 가우스의 수많은 연구는 우리의 삶에 여전히 큰 영향을 미치고 있다.

에바리스트 갈루아

1811~1832년

현대 대수학의 선구자이자

군群론의 창시자

갈루아 군론의 발견자

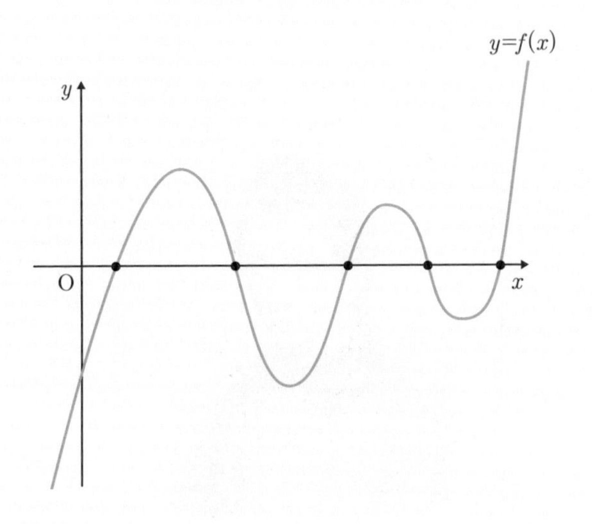

갈루아는 5차방정식의 근을 대수적 해법으로 풀 수 있는 5차식을 찾고자 노력했다.

그 결과 5차 이상의 고등다항식에서는 거듭제곱근의 해를 구할 수 없음을 증명했다.

21세에 요절한 비운의 천재 수학자

1811년 태어나 1832년 21세의 나이에 결투로 사망한 프랑스의 수학자 갈루아Évariste Galois를 사람들은 비운의 천재라고 말한다.

당시 갈루아가 남긴 논문은 총 5편이었다. 즉 그는 10대 시절 수학사에 선명한 발자취를 남긴 논문들을 쓰고 21세에 사망한 것이다. 그리고 이 논문들은 모두 그가 사망한 이후에야 그 가치를 인정받았다.

프랑스의 혁명기에 태어나고 자라며 부르라렌의 시장이자 공화주의자였던 아버지에게 영향을 받아 갈루아는 한창시절 혁명가를 꿈꾸며 왕정에 대항하다가 학교에서 쫓겨나기도 했다. 그

과정에서 초기 우수한 성적을 자랑하던 갈루아는 갈수록 성적이 나빠져 재수강하는 경우도 흔했다고 한다.

그 시기에 듣게 된 기하 수업은 갈루아가 기하학에 관심을 갖게 만들었다. 갈루아는 당시 2년의 교과 과정인 르장드르의 저서《기하학》를 며칠 만에 읽으며 수학에 흥미를 갖게 되었다.

그리고 1829년 첫 번째 논문을 프랑스 과학아카데미 회원인 코시Augustin-Louis Cauchy에게 보냈다. 하지만 이 논문은 코시가 제대로 심사하지 못한 상태에서 폐기되어버렸다.

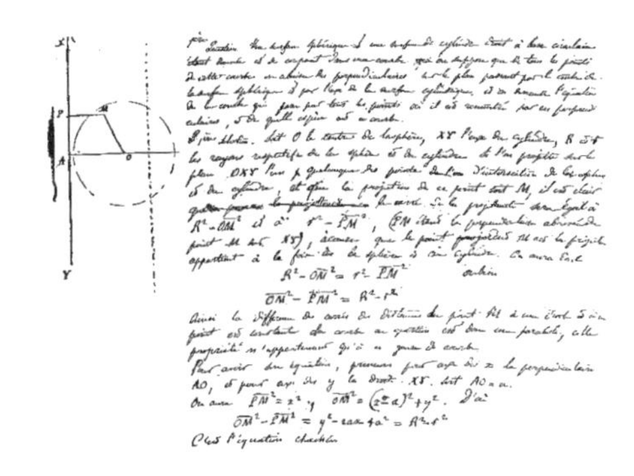
갈루아의 공모전 서문.

갈루아는 좌절하지 않고 1830년 두 번째 논문을 다시 프랑스 과학아카데미에 보냈다. 그런데 푸리에가 이 논문을 심사하던 도중 사망하면서 논문은 분실되었다.

세 번째 논문의 심사자는 푸아송이었다. 하지만 푸아송은 이해하기 힘들다는 이유로 논문 심사를 거절했다.

이 세 편의 논문에는 5차방정식의 해법에 대한 연구가 담겨 있었다.

푸아송.

푸리에.

코시.

무려 3세기 동안 수많은 수학자들이 5차방정식의 해법을 찾아 도전했지만 증명하지 못했던 공식을 16세의 갈루아가 도전한 것이다.

첫 논문에서 갈루아는 5차방정식의 해법을 찾았다고 생각했다. 하지만 검증을 진행한 결과 모든 경우의 5차방정식이 해결되는 것은 아님을 알게 되면서 갈루아는 5차 이상의 방정식은 대수적 방법으로도 풀 수 없음 즉 공식이 없음을 확신하고 이를 증명해냈다.

그런데 아이러니하게도 이처럼 고차원의 수학을 연구하던 갈루아가 프랑스 국방부 산하의 공업대학인 에콜폴리테크니크 École Polytechnique에는 입학하지 못했다. 이에는 여러 가지 이야기가 전해진다.

어떤 기록에는 수학 문제를 풀 때 체계적으로 기록하지 않고 암산으로 해결해 심사관들이 이에 대해 지적하자 그들의 무능함을 비웃어 면접에서 떨어졌다는 이야기가 있다. 하지만 공식적으로 알려진 바에 따르면 수학 이외의 과목은 낙제점을 받아 입학할 수 없었다고 한다.

결국 그는 원하던 에콜폴리테크니크에 입학할 수 없었다.

이 당시 갈루아는 모든 상황이 나빴다. 갈루아의 첫 번째 논문은 코시의 사정에 의해 제대로 평가받지 못했다. 갈루아의 첫 번째 논문에 매료되었던 코시는 그의 논문을 구두로 아카데미 모임에서 발표할 예정이었지만 건강이 나빠져 미루다가 아예 잊어버렸다.

갈루아는 고교 교사가 되기 위해 파리 에콜 노말레에 입학했다. 하지만 그의 수학적 재능을 시기했던 교수가 증명 문제로 시험하자 어렵지 않게 풀어냈음에도 평판이 나빠 천재적 재능에도 고전해야 했다.

하지만 갈루아는 좌절하지 않고 그의 천재성을 알아본 지지자들의 응원 속에서 연속해서 논문을 발표했다.

그리고 1831년 공개 강의를 하게 되었다.

첫 번째 강의에는 40여 명의 학생들이 참석했고 두 번째 강의에는 그 수가 대폭 줄었으며 세 번째 강의에는 극히 일부만이 나왔고 네 번째 강의는 학생이 없어 취소했다.

그런데 이때의 강의에 나온 주제들이 바로 군론과 추상대수학의 기초가 되는 내용이었다.

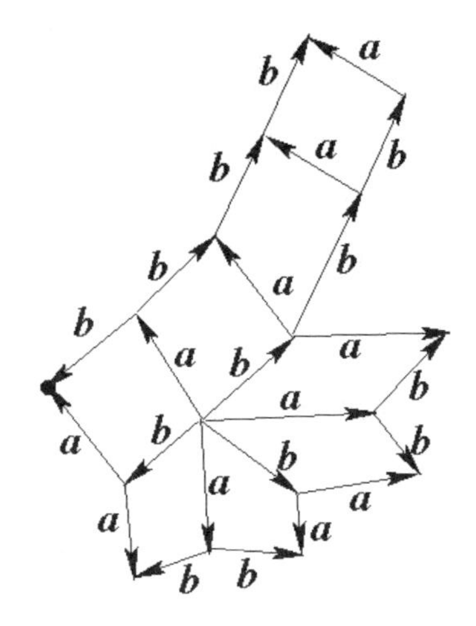

군론의 이미지 예.

갈루아가 이와 같은 수학 연구를 하는 동안 갈루아의 아버지가 자살하는 사건이 발생했다. 결국 갈루아는 더 과격한 공화당원이 되었고 그로 인해 감옥에 수감되었다. 그런 그의 앞에 푸아송의 편지가 도착했다.

그의 논문이 설명이 부족하고 난해하며 증명을 제대로 하지 않았으니 좀 더 이해하기 쉽도록 써서 제출할 것을 권하는 편지였다.

갈루아는 푸아송의 권고대로 논문을 세 번이나 고쳐냈지만 여전히 같은 이유로 거절당했다.

이에 갈루아는 좌절했고 이 시기에 파리에는 콜레라가 창궐하기 시작했다.

프랑스 정부는 정치범이 감옥에서 사망하면 일어날 문제를 두려워해 갈루아를 파리 밖의 병원으로 옮겼다. 그곳에서 갈루아는 의사의 딸인 스테파니를 사랑하게 되었다.

2주 후 형기를 마치면서 파리로 돌아오게 된 갈루아는 5월 29일 사망하게 된다.

그런데 갈루아의 사망을 둘러싸고 세 가지 설이 전해진다.

첫 번째는 갈루아가 스테파니를 잊지 못하고 있다가 그녀의 친구와 결투를 하게 되어 사망했다는 설이다.

두 번째는 갈루아가 자살했다는 설이며 세 번째는 타살되었다는 설이다.

그 진위가 무엇이든 간에 갈루아는 결투 전날 밤 위대한 업적을 남겼다. 그가 하룻밤 동안 휘갈기듯 써내려간 것은 방정식 이론과 적분함수, 세 가지 미발표 논문을 정리한 것이었다. 그는 이 편지를 항상 자신을 지지하고 응원하던 친구 슈발리에에게 남겼다. 그 안에는 자신의 논문들을 가우스와 야코비에게 전해달라는 내용도 담겨 있었다.

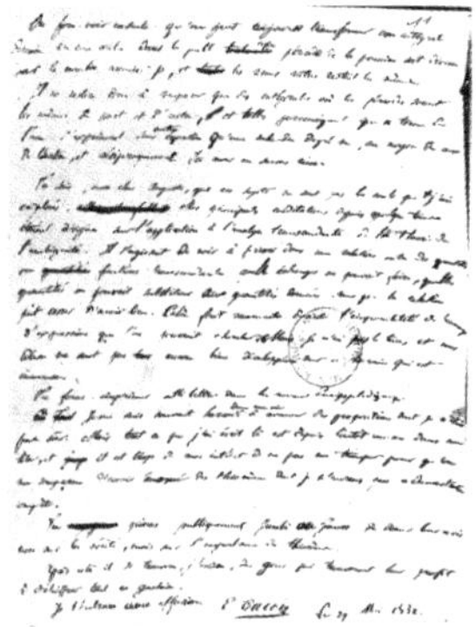

갈루아가 슈발리에에게 전한 편지.

갈루아는 그렇게 불꽃처럼 살다가 떠났고 수천 명의 사람들이 그의 장례식에 참석했지만 그가 묻힌 곳은 공동묘지였다.

가우스, 푸아송, 푸리에 등 위대한 수학자들도 이해하지 못했던 갈루아의 연구 가치를 알아본 리우빌은 생략 과정이 많은 갈루아의 이론을 이해하기 쉽게 정리했다.

그 이후 11년 동안 슈발리에와 갈루아의 형 알프레드는 가우스와 야코비를 비롯한 유럽의 많은 수학자들에게 갈루아의 연구 논문과 마지막 유작을 보냈다.

그리고 이를 받은 수학자들 중 프랑스의 조제프 리우빌Joseph Liouville이 가치를 알아보고 갈루아의 특이한 용어와 표기법을 연구해서 증명 과정에서 누락된 단계를 넣어 1843년 아카데미 회원들에게 소개했다.

또한 1846년에는 갈루아의 발표된 논문 5개와 결투 전날 기록한 편지, 미발표 논문을 종합해서 67쪽의 갈루아의 논문을 발표했다.

갈루아의 연구가 드디어 빛을 보기 시작한 것이다.

하지만 여전히 갈루아의 논문은 난해하고 시대를 너무 앞서나가 그로부터 20여 년 동안 이 논문들을 이해하는 수학자는 극소수밖에 없었다.

그리고 그의 수학적 가치는 20세기에 들어와서야 본격적으로 인정받기 시작했다. 그중 가장 위대한 업적으로 꼽히는 군론이 이론을 간략하게 정리하면 다음과 같다.

> 집합의 원소 사이에 덧셈과 같은 연산이 행해져 나온 결과도 그 집합의 원소가 되면 그 집합을 군으로 묶을 수 있으며 이는 추상대수학의 하나이다.

5차방정식 이상인 n차방정식에서 근의 공식을 구하는 것은 곧 근들이 이루는 정n각형의 대칭군 S_n의 구조를 이해하는 것과 같다는 것을 깨닫게 된 갈루아는 이를 연구해 증명함으로써 수학사의 패러다임을 변화시켰다.

4

게오르크 칸토어

1845~1918년

고전 집합론의 창시자

Georg Cantor

무한의 개념을 정의하다

게오르크 칸토어는 무한(∞) 개념의 선구자이다.

칸토어는 무한히 존재하는 유리수로도 수직선을 메울 수 없다고 말했다. 무한은 해석학에서 주로 쓰이며 미적분학의 초석이 되는 개념이다.

그중 절대적 무한Absolute Infinite은 모든 초한수Transfinite number 가운데서도 가장 큰 무한을 말하며 기호로는 그리스 대문자 중 Ω을 쓴다. 그리고 상대적 무한Relative Infinite의 기호는 ω로 Ω의 소문자이다.

해석학의 기초를 확립한 고전 집합론의 창시자

함수를 연구하는 학문인 해석학은 주로 실수와 복소수 위에서의 함수들과 연속성 등을 연구하며 확률론, 편미분방정식, 미분기하학을 비롯해 많은 수학 분야의 기초가 되기 때문에 대수학과 함께 수학의 핵심 과목이다.

또한 현대에는 함수해석학, 위상군, 조화해석학 등 수많은 분야로 세분화되어 연구하고 있으며 정수론 등을 포함한 수학 대부분의 분야에 영향을 미치고 있다. 따라서 수학과 관련된 분야를 공부하거나 진출하고 싶다면 꼭 배우게 되는 수학 분야이다.

청년 시절의 칸토어.

독일 수학자 게오르크 칸토어Georg Cantor는 무한, 연속, 극한 등의 개념을 명확히 하여 해석학의 기초를 확립함으로써 고전 집합론의 창시자로 불린다.

1845년 러시아 상트페테르부르크에서 태어난 칸토어는 독일인이었던 부모님을 따라 독일로 돌아온 뒤 수학을 전공하고 정수론 연구로 박사 학위를 받았다.

그 뒤 독일 할레Halle 대학교에서 강의를 시작했고 1874년 발리 구트만과 결혼해 6명의 자녀를 두었다.

그리고 드디어 집합과 무한을 연구하기 시작했다.

칸토어는 일대일대응의 개념을 통해 집합의 크기, 즉 원소의 개수를 정의하면서 자연수와 짝수, 유리수는 그 개수가 같지만, 실수는 자연수보다 훨씬 많다는 것을 증명함으로써 무한집합도 그 크기가 다를 수 있다는 것을 발표했다. 즉 자연수의 집합과 실수의 집합의 원소의 개수가 서로 다름을 증명해낸 것이다. 이 증명에서 그의 유명한 대각선 논법이 나온다.

칸토어의 대각선 논법을 다시 정리하면 다음과 같다.

실수의 집합이 셀 수 없음을 증명해 자연수 전체와 실수 전체는 일대일로 대응하지 않음을 밝혔다.

너무나도 직관적이고 아름다운 증명에 감탄한 에르되시가 '하나님의 수학책'에 실려 있을 증명이라고 했을 정도로 그 가치가 높은 칸토어의 대각선 논법은 집합론, 증명론 등 기초 수리논리를 증명할 때 이용되며 수리학 분야에 많은 영향을 미쳤다.

하지만 순탄하게 흘러갈 것만 같았던 칸토어의 인생은 칸토어가 집합과 무한을 연구하면서 유한주의 수학자들의 공격을 받으며 힘들어지기 시작했다. 칸토어의 연구는 당시 수학자들이 다루지 않던 무한의 개수를 다루는 연구였다.

칸토어는 셀 수 없는 수에 대한 개념으로 무한을 확장하여 연구했다.

때문에 자연수를 바탕으로 한 유한한 단계를 통해 구성할 수 있는 수학만이 진실한 것이라고 믿었던 유한주의자 크로네커(칸토어의 지도교수)를 비롯해 위대한 수학자 앙리 푸앵카레를 포함한 직관주의 수학자들은 칸토어의 무한집합론을 수학계의 역병이라며 비난을 쏟아냈다.

이와 같은 상황은 칸토어를 정신적으로 힘들게 했고 결국 1884년부터 정신질환을 앓기 시작했다.

할레 대학에서 교수로 있던 동안 칸토어는 우울증 비슷한 증세를 보이며 수년 주기로 입원과 강단 복귀를 반복하다가 후에는 각종 이상행동을 보이기 시작했다.

칸토어는 셰익스피어의 정체가 사실은 프랜시스 베이컨이었다는 설에 집착했고 대학에는 자신을 음해하는 세력이 있다는 편지를 보내는 등 정상적이지 못한 모습을 보였지만 대학은 그런 그를 계속 교수로 고용했다. 그리고 칸토어는 이와 같은 이상증세를 보이면서도 대각선 논법을 발표하고 집합론을 정립하는 등 중요한 수학적 업적을 이루어냈다.

칸토어의 대각선 논법은 그의 말년에 연속체 가설의 증명 연구로 이어졌다. 하지만 정신질환을 앓고 있던 칸토어는 제1차 세계대전이 일어나자 가난과 영양 부족에 시달리다가 정신병원에서 사망하게 되었다.

칸토어의 숙원이었던 연속체 가설의 독립성은 힐베르트의 23가지 문제 중 하나가 되었고 후에 괴델과 코언이 증명했다.

칸토어의 수학 연구 중 특히 중요한 업적을 간단히 정리하면 다음과 같다.

1 고전 집합론 칸토어의 가장 큰 업적이 바로 집합론의 확립이다. 무한의 개념을 밝히고 놀라운 무한의 성질을 발견했으며 무한의 여러 단계를 수학적으로 설명해냈다. 하지만 당시 수학계에서는 무한이 신의 영역이라고 생각하며 무한에 대한 연구를 신성모독이라고 생각했기 때문에 무한의 수학인 칸토어의 집합론은 격렬한 비난을 받았다. 그의 스승마저 칸토어에게 등을 돌리고 칸토어의 활동을 방해할 정도였다. 이로 인해 칸토어는 정신 질환을 앓게 되었다고 한다.

2 수리철학 철학의 한 분야로, 철학 수학의 원리와 방법 등을 연구하는 학문. 19세기 말 독일의 수학자 칸토어의 집합론 이후로 현대 수학의 기초론 전개와 밀접한 관련을 맺으면서 발전해 왔다.

3 칸토어 대각선 논법 실수의 집합은 셀 수 없음을 증명하는 기법. 집합론에서 실수의 집합의 크기와 자연수의 집합의 크기가 같다고 가정하면, 일대일 대응관계와 함께 증명하는 과정에서 도식화한 대각선 논법으로 모순임을 이해할 수 있다. 결국 대각선 논법으로 실수의 개수가 자연수의 개수보다 매우 많다는 것을 증명할 수 있다.

Henri Poincare

5

앙리 푸앵카레

1854~1912년

위상수학, 대수기하학 등
다양한 수학 분야에 업적을 남긴
천재 수학자이자 물리학자

푸앵카레 추측Poincare conjecture

도형과 공간의 상호관계를 연구하는 위상수학은 추상적인 수학 분야이다. 위상수학은 도형을 늘리거나 찌그러뜨리거나 누르면서 생각하여 연구하는 특이한 분야이기도 하며 '고무판 기하학'으로도 부른다.

푸앵카레 추측은 밀레니엄 7문제 중 가장 먼저 해결되었고 또 유일하게 증명한 문제이다.

2차원에서는 사각형을 변의 길이를 조절하여 오각형으로 변형할 수 있다. 이때 모양은 변형하지만 두 도형은 위상적으로 같은 도형으로 위상동형이 된다. 반면 구를 납작하게 만든다 해도 도넛의 가운데 구멍 모양은 만들 수 없으므로 구와 도넛은 위상동형이 아니다.

푸앵카레 추측은 1904년 푸앵카레가 '단일연결의 3차원 다양체는 구와 위상동형인가?'라는 것에 출발한다.

푸앵카레는 추측을 증명하는 과정에서 차원이 높아지면 해결됐지만 차원이 낮을수록 난해하다는 것을 알게 된다. 5차와 4차는 증명되었지만 3차는 '기하화 추측'이라는 8개의 후보군을 만들어낸 것이다.

기하화 추측은 윌리엄 서스턴William Paul Thurston이 재검

증하여 수십년간 발전과 연구를 계속했으며, 3차원 쌍곡 기하학의 탄생 배경이 되었다.

푸앵카레 추측의 연구로 위상수학은 진보했지만 여전히 증명하기에는 어려움이 있었다.

결국 러시아의 수학자 그리고리 페렐만Grigori Perelman이 푸앵카레의 추측이 소개된 뒤 98년 후인 2002년 위상수학만으로 증명하지 않고 미분기하학과 물리학의 엔트로피 개념도 도입하여 완전하게 증명했다.

그리고리 페렐만은 푸앵카레 추측을 증명해 2006년 필즈상 수상자로 선정되었지만 수상을 거부했다.

세계 7대 밀레니엄 난제였던 푸앵카레 추측의 주인공

프랑스의 가장 위대한 수학자이자 과학자로 손꼽는 앙리 푸앵카레Henri Poincaré는 다양한 수학 분야에 위대한 업적을 남긴 것뿐만 아니라 수리물리학, 천체역학 등에도 중요한 기본 원리를 발견해 지대한 공헌을 했다. 뿐만 아니라 수리철학과 과학철학에서도 그의 업적을 찾아볼 수 있을 정도로 다양한 학문적 업적을 남겨 과학계에서는 그를 아이작 뉴턴, 가우스 등과 함께 만능과학자 중 한 사람으로 꼽기도 한다.

1854년 4월 프랑스 낭시에서 태어난 앙리 푸앵카레는 1878년 파리 대학교에서 이학 박사 학위를 받은 뒤 1879년 캉 대학교Caen University의 교수가 되었다.

그가 남긴 수많은 수학 분야의 연구 중 특히 손꼽히는 업적은 푸앵카레 추측이다.

1881년 파리 소르본 대학교의 천문학 교수가 되었고 1887년 32세의 나이에 프랑스 과학 아카데미의 회원이 될 정도로 우주에 관심이 많았던 푸앵카레는 무한해 보이는 우주의 모양을 추측할 수 있는 이론을 내놓았다. 그것이 바로 푸앵카레 추측이다.

여기에서 위상동형과 위상수학의 개념이 등장한다. 모양이나 형태가 다른 두 개 중 하나를, 연결된 것을 끊거나 붙이지 않고 찌그러뜨리거나 누르거나 늘려서 다른 하나와 같은 형태로 만드는 것은 된다는 개념이 위상동형이다.

머그컵을 연속적으로 변형해서 도넛 모양으로 만들 수 있으며, 따라서 두 공간은 위상동형이다. 그러나, 이와 같은 방식으로 변형할 수 없으면서도 위상동형인 공간들도 있다(위키피디아 참조)

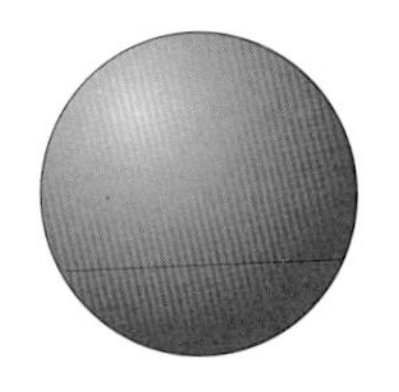

삼각형의 모양을 변형하여 사각형을 만들 수 있는데 이 관계를 위상동형이라 한다. 반면 구는 변형하여 가운데가 뚫린 도넛을 만들 수 없으므로 위상동형의 관계가 아니다.

우주가 몇 차원인지에서 시작된 푸앵카레 추측은 거의 100여 년 동안 세계 7대 난제 수학으로 꼽히며 수많은 수학자들의 도전을 받다가 2002년이 되어서야 증명되었다. 바로 36세의 수학자 그리고리 페렐만이었다.

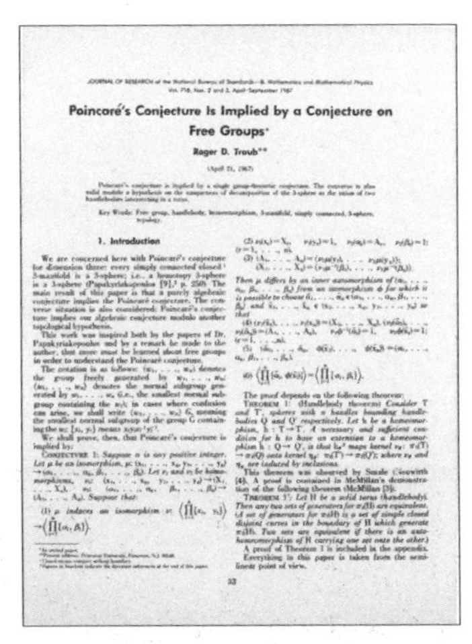

Poincaré's Conjecture Is Implied by a Conjecture on Free Groups*

Roger D. Traub**

1. Introduction

푸앵카레 추측이 담긴 논문.

물리학의 엔트로피까지 응용된 39쪽의 이 논문을 검증하기 위해 저명한 수학자들이 모여 약 3년 동안 1,000쪽이 넘는 해설서를 만들었고 2006년 증명이 참임을 선언했다.

그리고 이 증명 과정에 참여했던 수학자들은 위상수학으로 증명된 것이 아님을 아쉬워했다.

푸앵카레의 추측은 고차원에서는 잘 풀리지만 저차원일수록 풀기 어렵다는 것이 특징이다. 5차원 이상을 증명한 수학자는 스티븐 스메일 박사이며 4차원은 마이클 프리드먼, 3차원은 윌리엄 서스턴이 증명했다.

현재 다른 6개의 난제 수학은 미해결 상태이며 이 안에는 리만 가설도 포함된다.

푸앵카레의 업적 중 또 하나 언급되는 것이 삼체문제이다.

삼체문제는 다음과 같다.

물리학의 역학을 아주 간단하게 이야기하면, 물체의 움직임을 분석하고 설명하는 분야이다. 그리고 아이작 뉴턴은 중력의 영향을 받는 두 개의 물체는 타원궤도를 따라 서로 돌 수 있다고 예측했다. 이 이론을 현실에서 살펴볼 수 있는 것이 지구와 달의 관계이다.

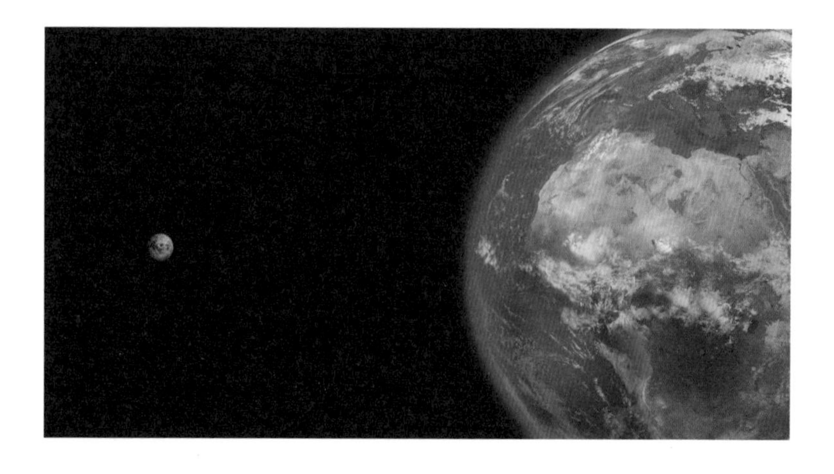

그런데 만약 물체가 세 개 이상이 된다면 어떻게 될까? 서로 간섭하는 힘이 복잡해져서 그 현상을 설명할 수 없게 된다고 한다. 이를 물리학에서는 삼체 이상의 문제 또는 N체 문제라고 부른다. 예를 들어 태양계는 9개의 행성이 존재하기 때문에 지구와 달의 관계를 수학적으로 증명하는 것이 불가능한 것이다.

수많은 수학자들이 증명에 실패한 이 난제를 해결한 이가 바로 푸앵카레였다.

푸앵카레는 먼저 세 개의 물체 중 큰 궤도운동을 하는 두 개의 물체를 하나로 묶었다. 그리고 그 큰 묶음과 작은 궤도운동을 하는 남은 한 개의 물체를 묶어 2체문제로 단순화함으로써 삼체문제를 설명할 수 있었다. 하지만 현재까지도 삼체 이상의 물체에 대한 증명은 여전히 미해결 문제로 남아 있다.

드디어 삼체문제를 증명해낸 푸앵카레였지만 자신의 이론을 살펴보던 푸앵카레는 2체문제의 큰 궤도가 조금만 틀어져도 궤도가 불규칙적으로 변화할 가능성을 찾아냄으로써 자신의 이론에 오류가 있다는 것을 발견했다. 아주 미세한 변화가 완전히 다른 결과를 가져오게 된다는 카오스 이론을 발견한 것이다.

푸앵카레가 발견한 카오스 이론은 현대사회에 들어와 컴퓨터공학의 눈부신 발전을 통해 아주 복잡하고 커다란 연산도 계산이 가능해지면서 다방면에서 이용하고 있다. 그리고 삼체문제

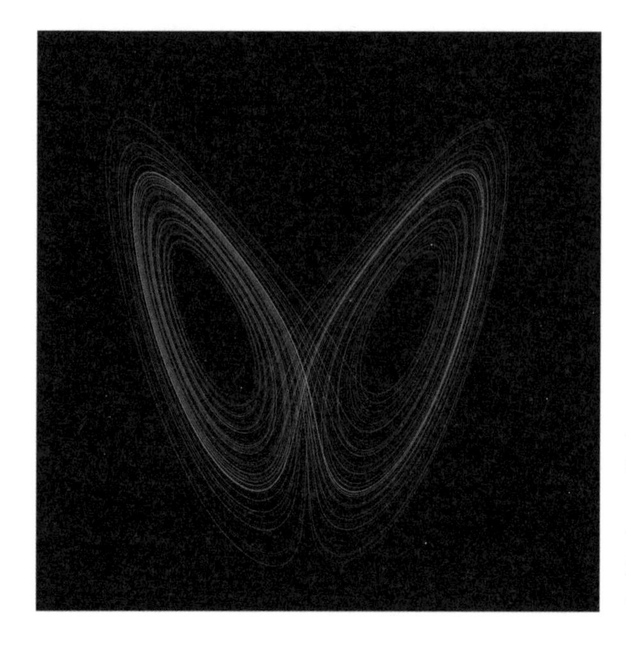

로렌츠의 끌개 이미지. 카오스 이론은 훗날 로렌츠의 나비효과의 발견으로 기상, 경제, 문화 등 다양한 학문에서 이용하고 있다.

의 증명은 미분방정식, 변분학, 위상 기하학 등의 발전에 큰 영향을 주었다.

이밖에도 푸앵카레의 연구는 아인슈타인의 상대성이론에도 영향을 주었으며 중력파를 제안하고 양자역학의 양자화를 정의하는 등 과학 분야에도 큰 발자취를 남겼다.

이와 같은 업적으로 그는 1906년부터 프랑스 과학 아카데미의 회장이 되었다. 또한 가장 권위 있는 명예 학술기관인 아카데미프랑세즈의 회원(1909년)으로 활동하다가 1912년 사망했다.

수학의 수많은 분야에 업적을 남긴 푸앵카레지만 그중에서도 손꼽는 업적 몇 가지의 명칭과 이미지를 소개하면 다음과 같다.

균일화 정리
푸앵카레 대칭
푸앵카레-버코프-비트 정리
푸앵카레 쌍대성
푸앵카레 재귀정리
푸앵카레-호프 정리
삼체문제
푸앵카레 반평면
푸앵카레-벤딕손 정리
푸앵카레 원판 모형
푸앵카레 추측
호몰로지

비유클리드 기하학의 이론을 이해하고 설명하는 데 중요한 푸앵카레 원판 모형.

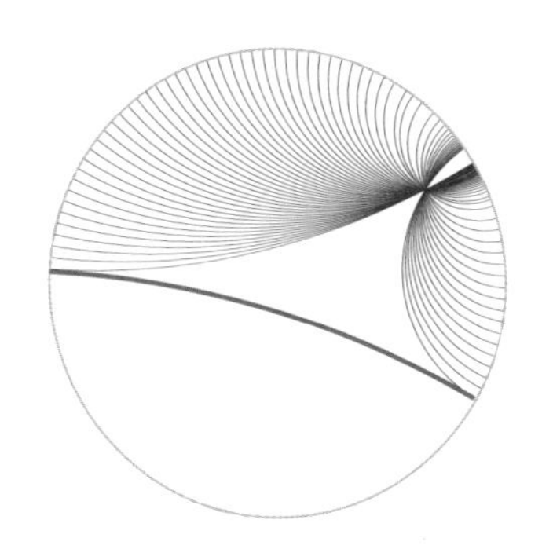

쌍곡면의 푸앵카레 원판 모형.

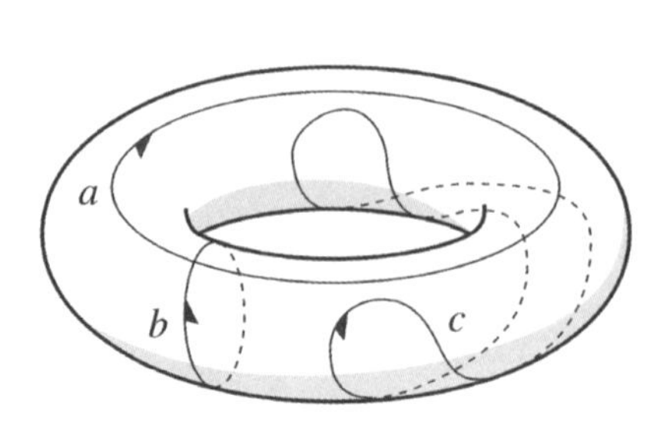

호몰로지 연구는 위상수학에서 중요한 대상이다.

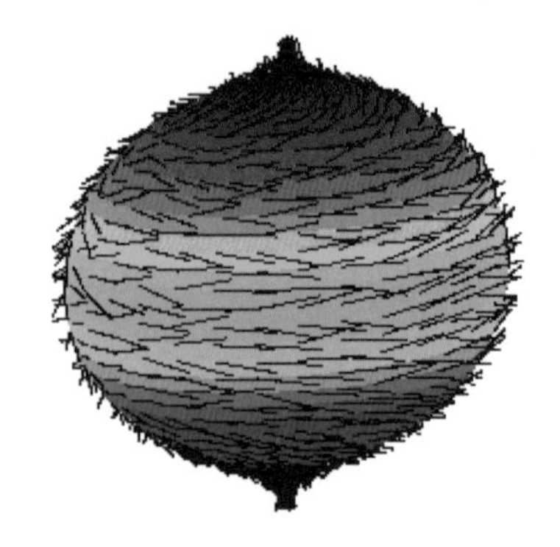

푸앵카레-호프 정리를 응용한 털복숭이 공 정리.

다비드 힐베르트

1862~1943년

풀리지 않는 수학 문제는
없다고 믿던 20세기의
대표적인 수학자.

힐베르트 호텔

무한의 성질을 보이기 위하여 만들어 낸 호텔 관련 문제로, 무한대에 숫자를 더하거나 곱하여도 여전히 무한대임을 알려준다. 내용은 다음과 같다.

무한개의 객실을 가진 힐베르트 호텔이 있다.

이 호텔의 무한개의 객실에는 모두 손님이 투숙하고 있어 빈 방이 없다.

그런데 어느 날 새로운 손님이 찾아왔다.

"이곳에 투숙하고 싶어요."

"네 손님. 조금만 기다려주시면 방을 마련해드리겠습니다."

지배인은 단 한 사람의 손님도 내보내지 않고 새로운 손님에게 방을 내주는 것이 가능할까?

힐베르트는 다음과 같이 답을 제시했다.

지배인은 무한개의 방에 투숙 중인 무한명의 손님들에게 부탁한다.

“새로운 손님에게 방을 드려야 합니다. 그래서 1호실 손님은 2호실로, 2호실 손님은 3호실로, 3호실 손님은 4호실로, n호실 손님은 $n+1$호실로 옮겨주시면 감사하겠습니다.”

이해심 많은 손님들은 모두 지배인의 말대로 방을 옮겼고 호텔에는 무한개의 객실이 있으므로 무한번 객실 이동이 가능했다. 따라서 단 한 명의 손님도 내보내지 않고 빈 방이 된 1호실에 새로운 손님이 투숙할 수 있었다.

그리고 다음날 또 새로운 손님들이 찾아왔다. 이번에는 무한개의 기차칸을 가진 기차가 이 호텔에 무한명의 손님을 내려주었다.

이번에도 지배인은 흔쾌히 이 무한명의 손님에게 방을 내주기로 했다.

“힐베르트의 호텔에 투숙 중인 손님들은 새로운 손님들을 위해 자신이 투숙하고 있는 방 번호에 2를 곱한 후 나온 숫자의 방으로 옮겨주세요.”

기존의 손님들은 지배인의 안내에 따라 방을 옮겼고 새로 온 무한명의 손님들은 빈 방에 무사히 들어갈 수 있었다.

이는 무한대에 2를 곱해도 여전히 무한대임을 잘 알려

주는 이야기이다.

이를 간단하게 공식으로 정리하면 다음과 같다.

한 명의 손님이 방문한 경우

$$\infty + 1 = \infty$$

무한한 수의 손님이 방문한 경우

$$\infty + \infty = \infty$$

23개의 힐베르트 문제로 수학의 발전을 꿈꿨던 공리주의 수학자

1862년 독일의 작은 마을에서 태어난 힐베르트David Hilbert는 어린 시절부터 수학을 좋아했고 하이델베르크 대학에 들어가 본격적으로 수학을 공부하기 시작했다. 그 시기에 평생의 친구가 되는 두 수학자 헤르만 민코프스키와 아돌프 후르비츠를 만나게 된다.

대학 졸업 후 힐베르트는 불변식론의 연구를 시작하면서 불변식론의 유명한 난제였던 '고르단의 불변식 문제'를 접하게 되었다. 어떤 대수적 구조가 보존하는 '불변식'을 찾아낼 수 있음을 처음으로 힐베르트가 증명해내면서 이 문제는 힐베르트의 기본 정리로도 불리게 되었다. 그리고 힐베르트는 이 문제를 증명하면서 수학계에 이름을 알리기 시작했다.

하지만 힐베르트의 증명은 불변식을 찾아내는 방법을 제시하지 않고 대신 귀류법을 써서 불변식의 존재성을 증명해 논란을 불러왔다. 힐베르트의 증명을 감수한 고르단마저 이것은 수학이 아니라 신학이라고 말할 정도였다. 그리고 직관주의 수학자들과 수리철학 논쟁을 시작하게 되었다.

그럼에도 이 천재 수학자는 9년여 동안 불변식론의 중요 난제들을 해결한 후 관심을 정수론으로 돌렸다.

힐베르트는 1893년 독일 수학자협회에서 정수론의 역사와 현황을 정리해달라는 요청을 받고 1897년 400쪽에 달하는 〈정수론 보고number report〉를 발표했다. 이 보고서에는 유체론, 순환체와 같은 신개념도 소개하고 있으며 정수론의 연구 방향을 결정짓는 데 큰 역할을 할 정도로 수학계에 영향을 미쳤다.

5년여에 걸친 정수론 연구를 끝내자 힐베르트는 바로 기하학에 빠져들었다.

정수론의 이론 체계를 새롭게 정리했던 힐베르트는 기하학의 이론 체계 역시 재구성을 시도했다. 그의 저서 《기하학의 기초》 안에는 모순이 없고 완전하며 상호 독립적인 21개 공리의 기본적인 집합으로 유클리드 기하학의 이론들을 재구성한 내용이 담겼다.

그리고 형식주의자 혹은 공리주의자로 알려진 힐베르트는 다음과 같이 선언했다.

"모든 기하학적 명제에서 점, 선, 면이라는 용어를 탁자, 의자, 컵으로 바꾸어 놓아도 그것들 사이에서 비롯된 공리는 여전히 변하지 않고 유효하다."

힐베르트의 수학에 대한 호기심은 끝없이 이어져갔다. 기하학 분야에서 성과를 낸 힐베르트는 1900년 제2차 국제수학자대회에서 20세기 수학 발전의 핵심 역할을 하게 될 문제로 23개의 문제를 발표했다. 그리고 힐베르트는 힐베르트의 23개 문제로 알려진 이 문제들을 연구하면서도 무한차원 벡터공간에 대한 연구를 진행해 발표했다. 이를 힐베르트 공간으로 부른다.

또 1차원의 선이 2차원의 평면과 같은 개수의 점을 가질 수 있음을 증명했는데 이를 통해 힐베르트의 곡선을 발견했다.

힐베르트의 곡선을 만드는 방법은 다음과 같다.

1 3개의 선분으로 이루어진 뒤집힌 u자형 곡선을 떠올린다.

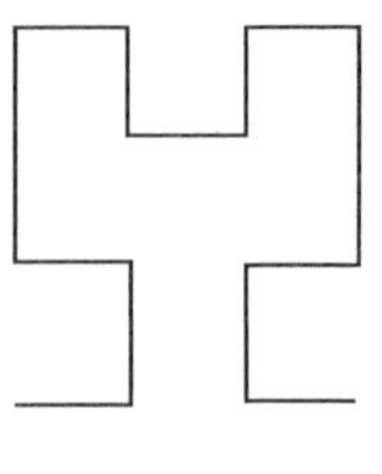

2 그 곡선을 작은 u자 4개가 3개의 선분으로 연결된 모양이 되도록 변형한다.

3 계속해서 2의 4개의 u자형 곡선에 2를 반복해서 행한다.

4 3의 여러 개 형성된 4개의 u자형 곡선에 2와 같은 작업을 반복해서 행하면 유한한 곡선 속에 무한한 이미지가 만들어진다. 이를 프랙탈이라고 한다.

이와 같이 같은 작업을 반복하면 각 단계마다 이전의 u자형 곡선보다 4배가 많은 u자형 곡선을 얻게 되는데 이런 작업의 무한반복의 극한이 힐베르트 곡선이다.

20세기의 대표적 수학자로 꼽히는 독일 수학자 다비드 힐베르트는 수학의 거의 대부분의 분야에 업적을 남긴 위대한 수학자이다. 그중에서도 수학의 주요 6대 분야에 대한 연구는 20세기 수학 연구의 방향을 제시한 것으로 인정받고 있다.

그의 유한기저정리 이론은 지루한 계산 문제들로 구성한 불변식론을 명쾌하게 풀 수 있는 대수 문제로 바꾸었고, 정수론 연구는 대수적 정수론의 기초 이론이 되었으며 기하학의 21개 공리는 고전적 기하학 연구의 틀을 깨며 새로운 연구 영역으로 불러왔다.

수학적 논리 개발의 핵심이 된 힐베르트 프로그램과 분석물리학과 수리물리학의 중요 역할을 담당하게 된 힐베르트 공간도 중요 업적이다.

19세기와 20세기 초를 살았던 힐베르트는 23개의 힐베르트 문제를 남겼는데 이 문제들은 현대 수학자들의 연구로 수학계에 풍성한 결실을 선물했다.

그리고 이 위대한 수학자는 1943년 제2차 세계대전이 한창일 때 81세의 나이로 세상을 떠났다.

힐베르트가 수학자들의 도전으로 수학 발전에 큰 역할을 할 것이란 확신 속에 뽑은 23개의 힐베르트 문제는 다음과 같다.

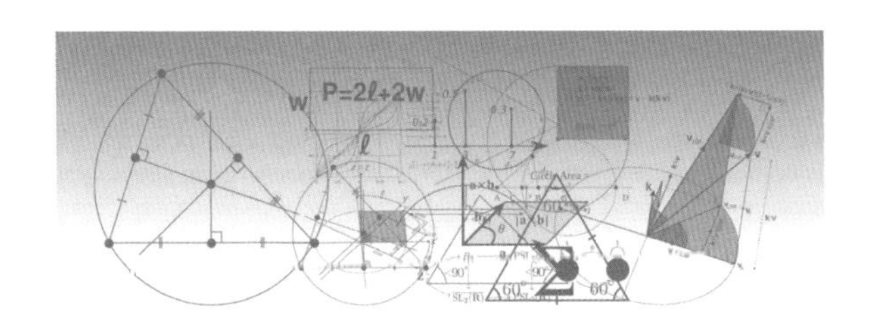

23개의 힐베르트 문제

문제 번호	내용 요약	해결 연도
1	연속체 가설: 정수의 집합보다 크고 실수의 집합보다 작은 집합은 존재하지 않는다.	1963년
2	산술의 공리들이 모순이 없음을 증명하라.	1936년
3	부피가 같은 두 다면체에 대해, 하나를 유한 개의 조각으로 잘라낸 뒤 붙여서 다른 하나를 만들어내는 것은 항상 가능할까?	1900년
4	직선이 측지선인 계량을 전부 만들어내라.	미해결
5	연속군은 언제나 미분군인가?	· 해결 의견(1953년, 힐베르트-스미스 추측과 동치로 해석), · 미해결 의견(힐베르트-스미스 추측과 동치가 아닐 때로 해석)
6	물리학 전체를 공리화하라.	미해결
7	$a(\neq 0, 1)$가 대수이고 b가 대수적 무리수일 때, a^b은 초월수인가?	1934년
8	리만 가설(리만 제타 함수의 임의의 비자명근의 실수부는 $\frac{1}{2}$이다)과 골드바흐 추측(2보다 큰 모든 짝수는 두 소수의 합으로 나타낼 수 있다).	미해결
9	대수적 수체에 대해 성립하는 가장 일반적인 상호법칙을 발견하라.	부분 해결 (아벨 확장 해결, 비아벨 확장 미해결)
10	임의의 주어진 디오판토스 방정식이 정수해를 갖는지를 판별하는 알고리즘을 제시하라.	1970년

문제 번호	내용 요약	해결 연도
11	대수를 계수로 갖는 이차 형식의 해 구하기.	부분 해결
12	유리수체의 아벨 확장에 적용하는 크로네커-베버 정리를 임의의 수체에 대해 일반화하라.	미해결
13	임의의 7차 방정식을 2변수 함수를 이용해 풀어라.	1957년
14	다항식환처럼 동작하는 대수적 군의 분변량은 항상 유한 생성을 하는가?	1959년
15	슈베르츠의 무한계산에 대한 엄밀한 기초를 제시하라.	부분 해결
16	대수 곡선 및 대수 곡면의 위상	미해결
17	음이 아닌 유리 함수를 항상 제곱의 형태로 나타낼 수 있는가?	1927년
18	비면추이 타일링으로만 쪽매맞춤을 할 수 있는 다면체가 존재하는가? 가장 밀도가 높은 공 쌓기는 무엇인가?	(1) 1928년 (2) 1998년
19	라그랑주의 해는 언제나 해석적인가?	1957년
20	경계값 조건을 갖는 모든 변분법 문제는 해를 갖는가?	20세기 다수의 수학자들의 참여로 해결. 비선형적 경우에 해가 존재.
21	주어진 모노드로미 군을 갖는 선형 미분방정식의 존재성을 증명하라.	1905년 (힐베르트가 직접 해결)
22	보형함수를 이용한 해석적 관계의 균일화.	해결
23	변분법의 추가적 발전.	증명 판단하기에는 너무 모호한 명제로 미해결.

Godfrey Harold Hardy

7

고드프리 해럴드 하디

1877~1947년

해석적 수론 분야의 전설

하디의 자랑스런 업적

해석적 수론의 권위자임에도 자신의 최고 업적을 라마누잔을 발견한 일로 꼽았던, 유머 감각이 넘치던 천재 수학자는 사진 찍는 것을 싫어 했다고 한다.

케임브리지 대학교 평의원 회관 앞에서 과학자들과 함께 사진을 찍은 라마누잔(가운데)과 해럴드 하디(오른쪽).

순수수학을 사랑한 천재 수학자

고드프리 해럴드 하디Godfrey Harold Hardy는 1877년 영국 서덜랜드에서 태어났다. 이미 2살 때부터 100만까지 수를 쓰는 법을 알았고 어린 시절에는 찬송가 번호를 소인수분해하며 놀 정도로 수학적 재능이 넘쳤다.

하디는 이와 같은 뛰어난 수학적 재능을 인정받아 장학생으로 윈체스터 칼리지를 다닌 후 케임브리지 대학 트리니티 칼리지에 입학했다.

그리고 1919년 잠시 옥스퍼드 대학교로 자리를 옮겼을 때를 제외하고는 70세에 세상을 떠날 때까지 대부분의 시간을 케임브리지 대학에서 후학을 양성하며 보냈다.

당시 영국은 뉴턴의 응용수학이 중심이 되던 사회였다. 케임브리지 대학 수학과에서는 유체역학을 중요하게 다루고 있었지만 하디는 프랑스 수학자 까미유 조르당의 해석학을 독학하면서 순수수학의 개념을 발전시켰다.

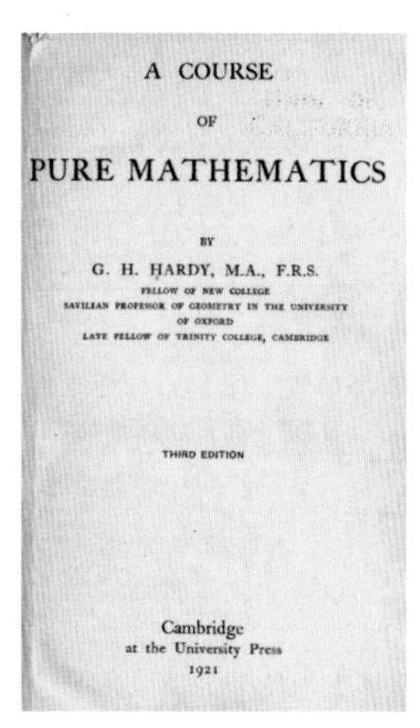
A COURSE
OF
PURE MATHEMATICS
BY
G. H. HARDY, M.A., F.R.S.
FELLOW OF NEW COLLEGE
SAVILIAN PROFESSOR OF GEOMETRY IN THE UNIVERSITY
OF OXFORD
LATE FELLOW OF TRINITY COLLEGE, CAMBRIDGE
THIRD EDITION
Cambridge
at the University Press
1921

《순수수학 강좌(A Course Pure Mathematics)》의 속표지.

하디는 제1차 세계대전에서 화학이 전쟁 무기로 사용되는 것을 보면서 세상을 오염시키는 도구로 이용될 수 있는 실용수학 또는 응용수학에 대해 더 강하게 배격하고 순수수학에 대한 개념을 발전시켜 나갔다.

하지만 하디의 믿음과는 달리 제2차 세계대전 때 원자 폭탄 개발과 암호 해독을 위해 전산학, 암호학 등이 이용되어 순수수학 역시 전쟁의 도구가 되었다.

하디는 1911년 존 이든저 리틀우드John Edensor Littlewood와 함께 수리해석학과 해석적 정수론에 관한 공동연구를 시작으로 그와 많은 공동 연구를 진행했다.

존 이든저 리틀우드.

1913년에는 수학자 라마누잔의 연

구노트를 받아보고 그의 천재성을 확인한 하디는 곧바로 케임브리지 대학에 초청했다. 그 후 라마누잔의 재능을 알아본 것을 자신의 최고의 업적이라고 말할 정도로 하디는 라마누잔을 아꼈다.

하디는 개인 연구를 통한 업적들도 많이 남겼지만 리틀우드 또는 라마누잔과 공동연구를 통해 담긴 수학적 업적 또한 다양하다.

그럼에도 대중들에게 가장 잘 알려진 그의 저서는《어느 수학자의 변명A Mathematician's Apology》이다.

Preface

I am indebted for many valuable criticisms to Professor C. D. Broad and Dr C. P. Snow, each of whom read my original manuscript. I have incorporated the substance of nearly all of their suggestions in my text, and have so removed a good many crudities and obscurities.

In one case, I have dealt with them differently. My §28 is based on a short article which I contributed to *Eureka* (the journal of the Cambridge Archimedean Society) early in the year, and I found it impossible to remodel what I had written so recently and with so much care. Also, if I had tried to meet such important criticisms seriously, I should have had to expand this section so much as to destroy the whole balance of my essay. I have therefore left it unaltered, but have added a short statement of the chief points made by my critics in a note at the end.

G. H. H.

18 *July* 1940

《어느 수학자의 변명》 서문.

자전적 이야기가 담긴 이 책은 수학의 심미적 아름다움을 기술한 에세이로, 수학자의 삶을 잘 보여주는 책으로 유명하다.

유머 감각이 풍부했던 무신론자 하디에게는 재미있는 에피소드들이 많다.

하디의 1920년 새해 소원에는 학자로서의 목표와 바람 그리고 무신론자로서의 생각이 잘 나타나 있다.

그중 하나가 리만 가설의 증명이었는데 하디는 1914년 임계

선 위에 무한히 많은 수의 영점이 존재한다는 것을 증명함으로써 리만 가설의 일부분을 증명했다. 리만 가설은 현재 밀레니엄 7대 난제 중 하나이며 이와 관련된 하디의 재미있는 에피소드가 있다.

덴마크에서 열린 학회에 참석했던 하디는 폭풍우가 치던 날 영국으로 돌아와야 했다.

날씨의 상태를 봐서는 생명이 위험할 수도 있었기에 하디는 영국에 '리만 가설을 증명함'이라고 전보를 보냈다.

그리고 무사히 영국으로 돌아오자 그의 전보 내용을 알게 된 수학자들이 그에게 모여들었다.

그런 그들에게 하디는 별일 아니란 듯이 말했다고 한다.

"페르마가 유명해진 이유는 페르마의 마지막 정리를 증명했다고 했기 때문입니다. 그가 정말 증명을 했는지 못했는지는 알 수 없지만 그는 덕분에 아주 어려운 문제를 풀어낸 천재 수학자로 인정받고 있습니다. 그래서 저도 덴마크를 출발할 때 폭풍이 몰아쳐 제가 살 수 있을지 알 수 없는 상황에서 '리만 가설을 증명함'이란 전보를 보냈습니다. 만약 제가 사망했다면 그 전보로 인해 저는 리만 가설을 증명한 사람으로 이름이 남았겠지요. 하지만 신은 무신론자인 저에게 그런 영광을 허락하지 않으실 테니 그 덕분에 저는 살아서 영국으로 돌아올 수 있었습니다."

Wacław Franciszek Sierpiński

8

바츠와프 시어핀스키

1882~1969년

집합이론에서
프랙탈 패턴을 개발한 수학자

시어핀스키 삼각형

시어핀스키 삼각형은 시어핀스키 가스켓Sierpiński gasket으로도 불린다. 다음과 같은 방법으로 만들어진다.

1 하나의 정삼각형이 있다.

2 이 정삼각형의 세 변의 중점을 이으면 원래의 정삼각형 안에 작은 정삼각형이 만들어진다. 이 작은 정삼각형을 제거한다.

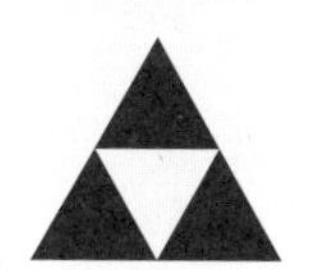

3 남은 정삼각형들에도 2의 방법을 적용한다.

4. 3을 반복한다.

5. 4를 무한히 반복한다.

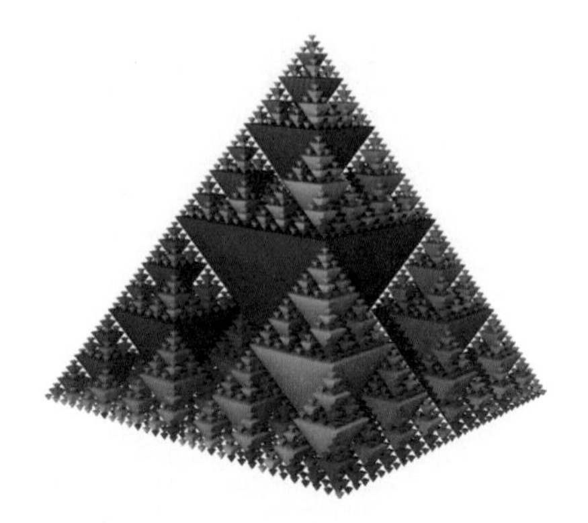

3D 시어핀스키 삼각형.

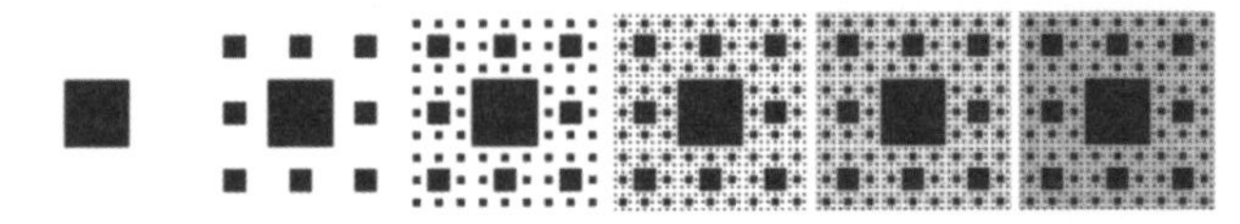

시어핀스키 카펫의 단계.

시어핀스키 패턴은 사각형으로도 가능하다.

시어핀스키 프랙탈의 창시자

폴란드 수학자 시어핀스키Wacław Franciszek Sierpiński는 시어핀스키 프랙탈로 유명하다. 집합론과 정수론 그리고 위상수학에 공헌했으며 그가 개발한 시어핀스키 프랙탈 기하는 지식산업과 예술분야 발전에 크게 기여하고 있다.

프랙탈이란 전체 구조의 부분들이 전체 구조와 닮은 형태로 되풀이되는 기하학적인 도형을 말하는데 자연에서도

기하학적 도형으로 표현한 프랙탈.

많이 발견할 수 있다.

자연의 많은 아름다운 요소가 프랙탈 구조를 이루고 있기 때문에 디자인적인 요소로 많이 이용되고 있으며 이미 중세시대에도 알려진, 삼각형의 세 변의 중심점을 이은 후 가운데 삼각형을 지운 도형을 시어핀스키가 수학적으로 다루면서 시어핀스키 삼각형으로 알려지게 되었다. 시어핀스키 삼각형 역시 건축을 비롯해 많은 분야에서 활용한다.

그중에서도 현재 많이 이용하고 있는 것 중 하나가 시어핀스키 삼각형 피라미드로, 2차원 평면 삼각형이 아닌 3차원 도형인 정사면체를 이용해 만든 구조이다.

3차원 시어핀스키 피라미드.

시어핀스키는 1882년 3월 바르샤바에서 태어난 뒤 그곳에서 수학 물리학을 전공하고 수학 · 물리학 교사로 일했다. 하지만 학교가 파업으로 폐교하자 크라쿠프로 이사해 박사 과정을 밟은 후 리비우 대학교의 교수가 되면서 집합론 연구를 시작했다. 그리고 1909년에 최초로 대학에서 집합론 과목을 개강하고 여러 편의 논문을 발표했다.

그는 제1차 세계대전이 끝나자 바르샤바 대학교 교수로 초빙

되어 여생을 이곳에서 보내게 되었다.

그는 총 724편의 논문과 집합론과 수론에 대한 저서를 비롯해 50권의 책을 출판했다.

주요 업적을 간략하게 정리하면 다음과 같다.

시어핀스키 삼각형

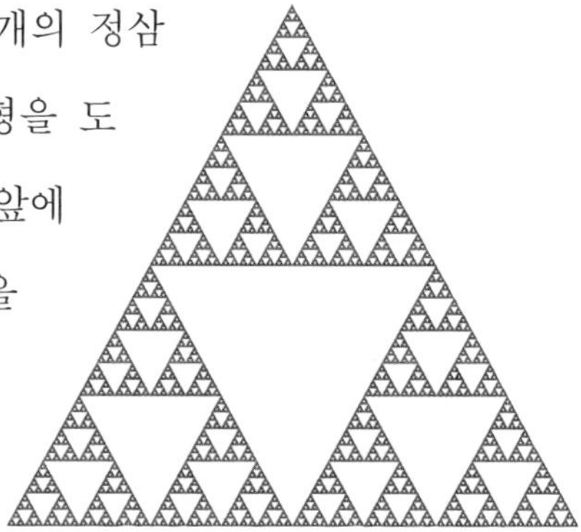

정삼각형을 같은 크기의 네 개의 정삼각형으로 나누어 가운데 삼각형을 도려내고, 남은 삼각형들을 다시 앞에서 한 행동을 수없이 반복하였을 때 만들 수 있는 도형. 프랙탈의 한 예이다.

그리고 다음과 같은 성질을 갖는다.

1 시어핀스키 삼각형의 변의 길이의 합은 무한대이다. 공식은 다음과 같다.

$$\lim_{n \to \infty}\left(\frac{3}{2}\right)^n = \infty(\text{무한대})$$

2 시어핀스키 삼각형의 넓이는 0이다. 공식은 다음과 같다.

$$\lim_{n \to \infty}\left(\frac{3}{4}\right)^n = 0$$

시어핀스키 카펫

시어핀스키 카펫.

칸토어 집합의 이차원적인 프랙털 도형의 일종. 이것은 한 변의 길이가 1인 정사각형을 9등분을 하여 중앙의 부분을 제거하고 남아 있는 더 작은 정사각형의 중앙을 제거하는 과정을 계속 반복하여 그린다.

도달 불가능한 기수

집합론에서 '도달 불가능한 기수inaccessible cardina'는 큰 기수의 하나로, 더 적은 개수의 더 작은 기수로 표현할 수 없는 기수를 말한다. 즉 그보다 작은 기수의 덧셈·곱셈·거듭제곱으로 나타낼 수 없는 기수로, 알프레트 타르스키와 에른스트 체르멜로와 함께 시어핀스키가 개념을 도입했다. 그보다 앞서 독일의 수학자 펠릭스 하우스

'약하게 도달 불가능한 기수'를 정립한 펠릭스 하우스도르프(Felix Hausdorff).

도르프Felix Hausdorff는 '약하게 도달 불가능한 기수'를 정립했다.

시어핀스키 공간

시어핀스키 공간이란 원소가 단 두 개 있는 집합에 대해서 그 위상이 자명 위상도 아니면서 이산 공간도 아닌 공간이다. 선택되는 원소가 0이냐 1이냐만 달라질 뿐 본질적으로는 똑같기 때문에 구분하는 의미가 없다. 위와 같은 위상으로 특정할 경우에 {1}은 열려 있고 {0}은 닫혀 있다.

프랙탈

1975년 만델브로트Benoit B. Mandelbrot는 자연에서 발견한 복잡한 모습을 수학으로 나타내기 위해 프랙탈 기하학을 만든다. 라틴어 fractus(파편)에서 유래한 용어 프랙탈은 전체를 부분으로 나누었을 때 그 부분 안에 전체의 모습을 갖는 무한 단계의 기하학적 도형을 말한다.

프랙탈 트리.

자연을 수학적으로 나타내고자 했기 때문에 자연에서 찾아볼 수 있는 프랙탈은 많다.

자연에서 관찰되는 프렉탈 이미지의 예.

시어핀스키의 삼각형도 프랙탈의 한 종류이다. 프랙탈의 대표적인 종류는 다음과 같다.

1. 코흐곡선

가장 대표적인 프랙탈 곡선 중 하나이다.

① 한 개의 선분을 삼등분한 뒤 가운데 부분을 삭제하고 삭제한 부분에 두 변을 정삼각형의 두 변처럼 되도록 바깥쪽으로 연결하여 그린다.

② ①의 과정을 계속 무한히 반복하면 코흐곡선이 된다.

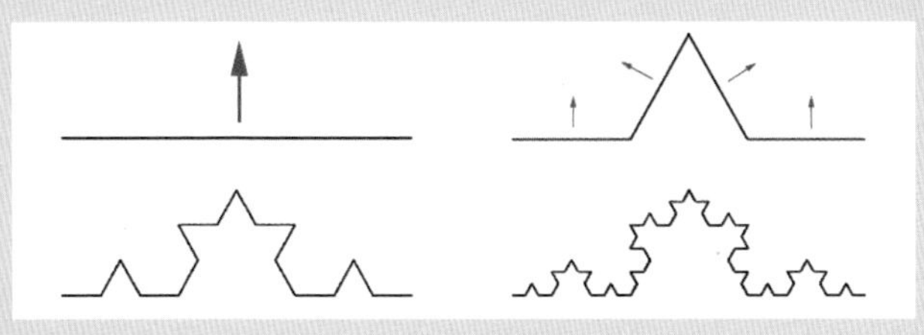

코흐곡선.

2. 칸토어 집합

① 0에서 1까지의 첫 구간을 3등분한 뒤 가운데 부분을 버린다.

② 계속해서 남아 있는 두 구간을 다시 각각 3등분한

후 가운데 부분을 버린다.

② 같은 과정을 반복한다.

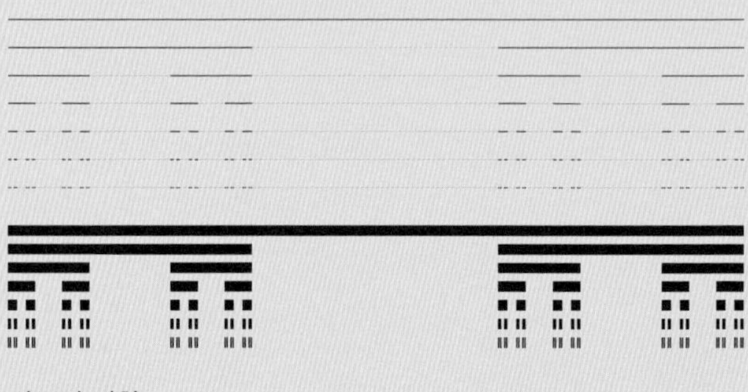

칸토어 집합.

3. 시어핀스키 삼각형 (시어핀스키 참조)

4. 맹거 스폰지

① 정육면체의 각 변을 3등분하여 27개의 정육면체로 나눈다.

② 중앙의 정육면체와 함께 처음 정육면체의 각 면의 중앙에 있는 정육면체를 빼낸다.

② 2의 과정을 계속 반복한다.

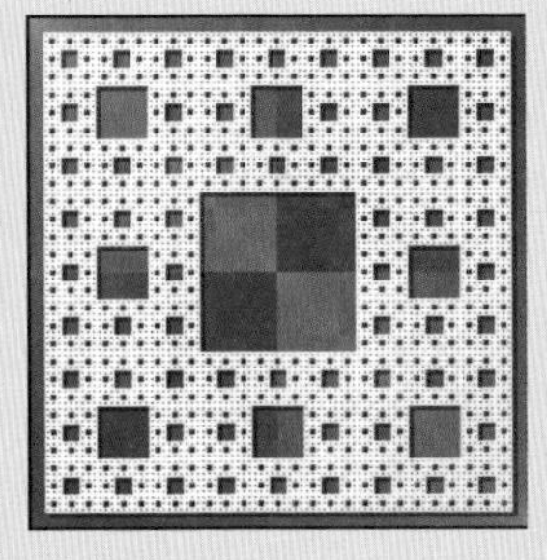
맹거 스폰지.

맹거 스폰지 3D 이미지의 예.

5. 페아노 곡선

이탈리아의 수학자 페아노가 1890년 1차원의 곡선으로 2차원의 정사각형을 모두 덮을 수 있는 곡선을 만들어 페아노 곡선으로 부르게 되었다.

이미지를 살펴보면 알 수 있듯이 페아노 곡선은 우리가 알고 있는 1차원과 2차원을 구분할 수 없게 만든다.

그래서 수학자들은 차원과 도형의 크기에 대해 양변에 로그를 놓는 수식을 만들었다.

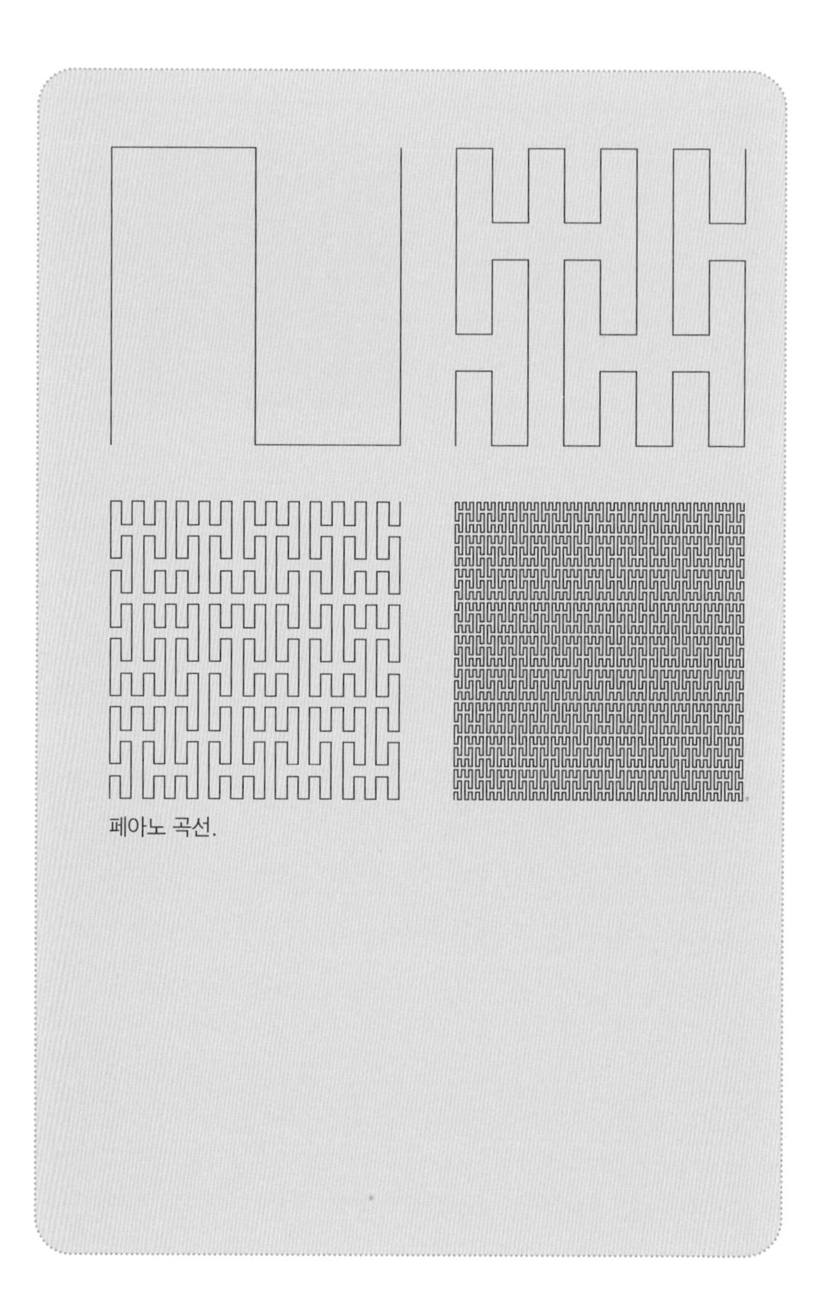

페아노 곡선.

6. 용곡선 Dragon Curve

나사의 물리학자 하이웨이, 하터, 뱅크스의 공동연구로 개발했으며 용과 같은 모습을 하고 있다고 해서 용곡선으로 부른다.

용곡선의 이미지 예.

다양한 용곡선 프랙탈 트리.

Srinivasa Ramanujan

9

스리니바사 라마누잔

1887~1920년

무한대를 본 수학자 라마누잔

택시수

라마누잔의 병문안을 온 하디가 자신이 탔던 택시 번호 1729의 평범성을 이야기하자 라마누잔이 세제곱 수의 합이라는 특성을 부여한 것에서 나온 말이다. 그래서 '하디-라마누잔의 수'로도 알려져 있다.

하디가 타고 왔던 택시번호 1729에서 발견한 법칙은 다음과 같다.

$$1729 = 12^3 + 1^3 = 10^3 + 9^3$$

그래서 1729는 택시수^{Taxicab Number}라고도 한다. 택시수는 다음과 같이 정리할 수 있다.

'서로 다른 두 가지 방법으로 두 양수의 세제곱의 합으로 나타낼 수 있는 가장 작은 수이다.'

자연수의 총합

라마누잔은 라마누잔의 합이라는 개념으로 자연수의 총 합을 증명했다.

$$1+2+3+4+5+\cdots = -\frac{1}{12}$$

모든 자연수의 합은 $-\frac{1}{12}$이다.

지금도 수학자의 연구에 영감을 주는 수학자 라마누잔

인도의 수학자 라마누잔Srinivasa Ramanujan은 브라만 계급이었음에도 가난으로 인해 원하는 수학을 제대로 공부하지 못하고 독학한 수학자로 유명하다.

라마누잔은 어린 시절부터 수학에 천재적인 재능을 드러냈다. 이런 라마누잔의 천재성을 믿었던 어머니는 그를 최대한 지원하기 위해 노력했다.

그의 수학적 천재성이 드러나는 학창 시절 에피소드 중에는 다음과 같은 일화가 있다.

중 2때 선생님은 학생들에게 나눗셈의 기본 성질을 다음과 같이 설명했다.

3명의 학생에게 3개의 과일을 나누어 주거나 100개의 과일을 100명의 학생에게 똑같이 나누어 주면 모든 사람이 각각 1개씩의 과일을 가질 수 있다.

2012년 인도에서 국가 수학의 날에 발행한 라마누잔 기념우표.

이처럼 어떤 숫자가 그 자신으로 나누어질 경우 답은 1이 된다.

이 설명을 들은 라마누잔은 다음과 같이 질문했다.

"만약 0을 0으로 나눈다면 그때도 답은 1이 되나요?"

학생들은 라마누잔의 너무 엉뚱한 질문에 다들 웃었지만 선생님은 진지하게 대답해줬다고 한다.

"$\frac{0}{0}$은 무한대가 된단다."

라마누잔의 질문은 수세기 동안 수학자들이 고민하고 있던 문제였다.

11살 때 이미 수학을 전공하는 대학생과 겨룰 정도로 수학적 재능이 뛰어났던 라마누잔은 대학에 진학 후 수학을 전공했지만 경제 사정으로 중퇴를 해야 했다.

그런데 경제 사정 외에도 대학 중퇴의 이유에는 다른 사연도 숨어 있다.

라마누잔은 수학과 영어에 뛰어난 성적을 거두어 16살에 쿰바코남 국립대학교에 장학생으로 들어갔지만 오직 수학만 공부하는 바람에 다른 과목에서 낙제점이 나와 장학금을 받지 못해 그만둬야 했다. 그 뒤 다시 마드라스의 파차야파 대학에 입학했지만 이곳에서도 수학만 공부해 미술과목에서 낙제점을 두 번 받고 퇴학당했다.

그러자 라마누잔은 독학으로 수학을 공부하며 자신의 연구들을 노트에 기록했다. 교사로 일하면서도 틈날 때마다 연구한 내용을 기록한 노트에는 마방진의 구성, 소수의 성질, 무한급수의 분석 기법, 무한곱 등의 연구물들이 담겼다.

이와 같은 그의 수학에 대한 열정을 알아본 인도수학협회의 회원이자 넬노어시의 지방장관인 라오의 도움으로 라마누잔은 마드라스 세관의 서기로 일하게 되었다.

라마누잔은 틈틈이 연구한 논문을 수학학회저널에 발표했다. 또한 자신의 연구 내용을 수학자들에게 편지로 보내서 검토를 요청했다.

그중 영국의 케임브리지 대학교 교수인 고드프리 하디가 그의 천재성을 알아보면서 라마누잔은 영국으로 건너가 하디와 공동으로 연구를 시작했다.

하디는 기존의 수학적 방법 대신 자유로운 사고방식으로 수학

런던은 비가 많이 오는 걸로 유명하다. 존 앳킨슨 그림손 작 〈Shipping on the Clyde(1881)〉.

을 연구하는 라마누잔을 독려하며 그의 연구에 동참했다.

그로부터 3년 동안 라마누잔은 하디 교수와의 연구 결과를 담은 40여 편의 논문을 영국과 유럽 학술지에 발표했고 31세에 영국왕립학회의 회원 자격을 갖게 되었다.

하지만 인도와 달리 자주 비가 내리는 영국의 환경과 브라만 계급이 지켜야 할 식문화를 비롯한 많은 문화적 차이가 라마누잔을 우울증으로 몰아갔고 결국 약 2년 동안 병원에서 요양을 해야 했다.

누구보다 라마누잔을 아꼈던 하디는 이런 상태의 그를 위로했다.

어느 날 라마누잔을 병문안 온 하디는 타고 온 택시의 번호가 1729라는 지루한 수임을 말하며 투덜거렸다. 그러자 라마누잔은 1729는 오히려 흥미로운 수로, 두 수의 세제곱의 합을 두 개의 다른 방법으로 나타낼 수 있는 가장 작은 수임을 증명했다.

$$12^3+1^3=1728+1=1729$$

$$\text{또는 } 10^3+9^3=1000+729=1729$$

즉 $a^3+b^3=c^3+d^3$을 만족시키는 4개의 정수 a, b, c, d의 집합은 무수히 많으며 이를 '하디－라마누잔의 수'라고 한다. 그런데 당시 하디가 타고 온 택시 번호에서 나온 문제이기 때문에 이 증명은 '택시수'로도 널리 알려진다.

라마누잔은 $1+2+3+4+5+\cdots$이라는 무한대로 발산하는 자연수들의 합이 $-\frac{1}{12}$임도 계산해냈다.

자연수의 합 증명에는 많은 과정이 필요하지만 아주 간단하게 설명하면 다음과 같다.

$1+2+3+4+5+\cdots$는 무한대이므로 수가 아니다. 그런데 라마누잔은 이것을 하나의 수로 가정하고 식을 전개해 그 합이 $-\frac{1}{12}$이 된다고 결론내렸다.

라마누잔은 라마누잔합이라는 개념으로 자연수의 총합을 증명한 것이다. 그리고 이 자연수의 총합 $-\frac{1}{12}$은 끈이론 등에 적용되고 있다.

학자로서 영광의 길만이 준비된 듯해 보이던 그였지만 인도와 다른 영국 문화에 적응하지 못하고 정신병을 앓던 라마누잔은 고향과 어머니를 그리워하다가 제1차 세계대전이 끝나고 건강을 회복하자 바로 인도로 돌아왔다.

하지만 인도를 떠날 때와는 다르게 유명 수학자로 명성을 떨치고 있던 라마누잔이기에 대우는 달라져 있었다. 마드라스 대학은 그에게 교수직을 제안했고 트리니티 칼리지는 하디와의 공동연구를 계속해서 지원했다.

1920년 1월 라마누잔은 하디 교수에서 새로운 함수인 유사세타함수를 발견했다고 편지를 보냈다.

유리식의 무한합으로 이루어진 이 함수의 공식은 다음과 같다.

$$\phi(q) = 1 + \frac{q}{(1-q)^2} + \frac{q^4}{(1-q)^2(1-q^2)^2} + \frac{q^9}{(1-q)^2(1-q^2)^2(1-q^3)^2} + \cdots$$

하지만 그가 유사세타함수를 기록한 노트는 그의 사망 후 사라져 잃어버린 노트로 불리다가 1976년 마드라스 대학 도서관에서 발견했다.

라마누잔이 32세의 나이에 폐결핵으로 사망할 때까지 그의 노트에 담긴 정리들은 약 4,000여 개가 넘으며 그중 80%의 정리들이 새로운 것이었다고 한다. 그리고 라마누잔의 노트는 지금도 여전히 수학자들에게 중요한 연구대상이 되고 있다.

고급수학을 배울 기회가 없었던 라마누잔은 수학자들이 증명 과정을 따르지 않고 너무 독창적인 방법으로 연구해 초기에는 인정받지 못했다. 하지만 그의 재능을 알아본 하디의 지지 속에서 수학사에 큰 족적을 남기게 되었다.

하디 자신도 천재 수학자로 꼽혔지만 그는 재능을 기준으로 수학자들의 순위를 매기면서 자신을 25점으로, 라마누잔을 100점으로 정할 정도로 라마누잔을 높이 평가했다고 한다.

라마누잔의 수많은 수학적 업적 중에서도 눈여겨 볼 만한 업적으로는 파이값을 추정하는 방법, 합성수의 새로운 분석 기법, 확률론적인 정수론의 기초가 된 양의 정수의 소인수 개수를 결정짓는 방법, 가법정수론의 발전을 불러온 양의 정수의 분할 가짓수 추정법 등이 있다.

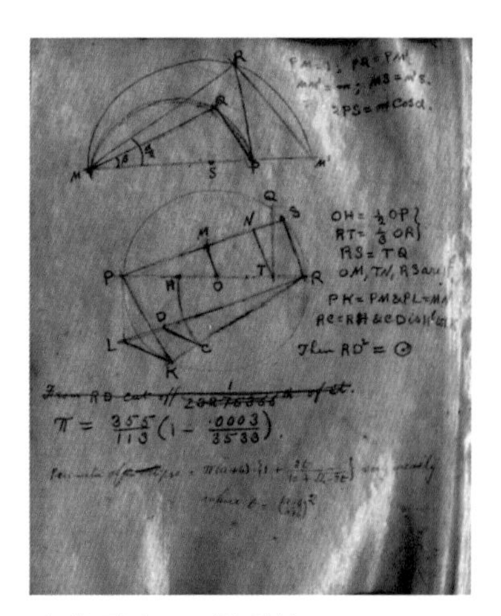

라마누잔의 노트 중 일부.

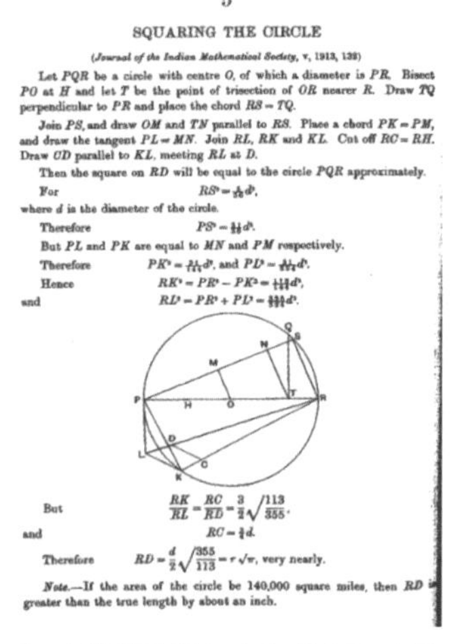

5

SQUARING THE CIRCLE

(*Journal of the Indian Mathematical Society*, v, 1913, 132)

Let PQR be a circle with centre O, of which a diameter is PR. Bisect PO at H and let T be the point of trisection of OR nearer R. Draw TQ perpendicular to PR and place the chord $RS = TQ$.

Join PS, and draw OM and TN parallel to RS. Place a chord $PK = PM$, and draw the tangent $PL = MN$. Join RL, RK and KL. Cut off $RC = RH$. Draw CD parallel to KL, meeting RL at D.

Then the square on RD will be equal to the circle PQR approximately.

For $\quad RS^2 = \frac{5}{36}d^2$,

where d is the diameter of the circle.

Therefore $\quad PS^2 = \frac{31}{36}d^2$.

But PL and PK are equal to MN and PM respectively.

Therefore $\quad PK^2 = \frac{31}{144}d^2$, and $PL^2 = \frac{31}{324}d^2$.

Hence $\quad RK^2 = PR^2 - PK^2 = \frac{113}{144}d^2$,

and $\quad RL^2 = PR^2 + PL^2 = \frac{355}{324}d^2$.

But $\quad \frac{RK}{RL} = \frac{RC}{RD} = \frac{3}{2}\sqrt{\frac{113}{355}}$,

and $\quad RC = \frac{3}{4}d$.

Therefore $\quad RD = \frac{d}{2}\sqrt{\frac{355}{113}} = r\sqrt{\pi}$, very nearly.

Note.—If the area of the circle be 140,000 square miles, then RD is greater than the true length by about an inch.

인도수학협회 학술지에 게재된 라마누잔의 연구 중 일부(1913년).

10

존 폰 노이만

1903~1957년

컴퓨터 구조의 창시자이자

20세기 천재 중

천재로 불리는 수학자

게임이론

게임이론은 폰 노이만과 경제학자인 모르겐슈테른Oskar Morgenstern의 공저 《게임이론과 경제행동》에 등장한 이론이다.

의사결정자들이 합리적인 선택을 한다는 것과 상대방의 반응을 고려하고 결정을 내린다고 보는 이론으로. 크게 협조적 게임이론cooperative game thoery와 비협조적 게임이론non-cooperative game theory으로 나뉜다.

이에 대한 예로는 죄수의 딜레마가 있다.

죄수의 딜레마

게임이론은 살인 혐의로 체포된 두 사람이 격리된 방에서 심문받고 있다는 가정하에서 시작한다.

만일 두 혐의자가 모두 범죄를 자백하면, 각각 20년 형을 살게 된다.

만일 두 남자 모두 살인에 대해 부인하면, 그들이 책임질 범죄는 경범죄뿐이며 각자 2년 형을 살게 된다.

그런데 둘 중 한 명이 자백하면, 자백한 사람은 석방되지만 남은 한 명은 30년 형을 살게 된다.

이와 같은 상황이라면 두 혐의자들이 따라야 할 합리적인 전략은 무엇일까?

		혐의자 2	
		자백	부인
혐의자 1	자백	혐의자 1 20년 형 / 혐의자 2 20년 형	혐의자 1 석방 / 혐의자 2 30년 형
	부인	혐의자 1 30년 형 / 혐의자 2 석방	혐의자 1 2년 형 / 혐의자 2 2년 형

게임이론에서는 다음과 같이 각 혐의자들의 전략과 전략 결합 시 결과에 대한 보상을 나타내는 행렬을 그려 이 문제를 해결한다.

가장 최선의 전략은 두 사람 모두 죄를 부인하고 비교적 가벼운 처벌을 받는 것처럼 보이지만, 게임이론 분석에 따르면 이성적인 게임 참가자들에게 이는 옳은 선택이 아니다.

두 사람이 각각 모두 부인하는 전략은 최악의 위험/보상(30년의 위험/2년의 보상)을 나타내는 반면, 두 사람 모두 자백하는 전략은 더 나은 위험/보상(20년의 위험/석방의 보상)을 나타낸다.

게임이론에서는 다음과 같이 가정한다.

게임 참가자들은 이성적이며, 그들은 다른 참가자들이 틀림없이 선택할 것으로 예측하는 이성적 전략에 따라 행동한다.

따라서 만일 혐의자 1이 합리적인 선택을 고민한다면, 그가 죄를 부인할 경우 네 가지의 가능한 결과들 중 다른 한 가지에서 보상을 받는 반면, 죄를 자백한다면 최대의 이익을 얻을 수 있으며, 최소한 가장 높은 형량은 확실히 면할 수 있다는 사실을 알게 된다.

혐의자 2 또한 같은 방법에 따라 합리적으로 생각할 것이므로 두 사람 모두 자백해 석방받는 방법을 택하든지 20년 형을 살게 될 것이다(내시균형이론의 예 중 하나에 해당됨).

이를 통해 게임이론은 합리적인 행동이 반직관적인 결과로 이어질 수 있음을 보여준다.

경제학에 큰 영향을 준 게임이론 개발자이자 현대 컴퓨터 구조의 창시자

헝가리 출신의 미국인 수학자이자 물리학자인 존 폰 노이만 John von Neumann은 천재 중의 천재로 꼽힌다. 그를 수식하는 말로는 천재들의 천재, 세기의 천재, 인류의 천재 등이 있을 정도이다.

그는 6살 때부터 8자리 수를 암산했고 9살에 미적분을 했으며 10살에 이미 수학의 정규과정을 끝낸 상태였다.

이런 그의 천재성을 알아본 학교에서는 그를 위해 부다페스트에서 수학교수를 초빙해 특별수업을 받을 수 있도록 배려했다.

17살의 폰 노이만은 자신의 지도교수인 마이클 페케트 교수와 다항함수의 특수한 해에 대해 연구해 독일 수학자협회지에 논문을 발표했고 21살에는 헝가리 부다페스트 대학의 수학과와 독일 베를린 대학의 화학과를 동시에 입학해 평소엔 베를린 대학을 다니다가 학기말에는 부다페스트 대학에서 시험을 치렀다.

그리고 1926년부터 1927년까지는 록펠러 장학금을 받으며 힐베르트와 괴팅겐 대학에서 집합론을 연구했다.

폰 노이만은 힐베르트와 연구를 진행하며 집합론의 공리화를 더 확장했지만 괴델이 수학의 모든 공리적 시스템은 참과 거짓을 판단할 수 없는 명제를 포함한다는 불확정성의 정리를 증명해 힐베르트의 연구가 중단되면서 폰 노이만 역시 집합론 연구를 그만두었다.

공리란 하나의 이론에서 증명 없이 옳다고 하는 명제, 즉 조건 없이 전제된 명제이며 수학에서는 이론의 기초로 가정한 명제를 말한다.

당시 헝가리에는 천재라고 불리는 수학자 과학자들이 많았다. 대표적인 학자로는 유진 폴 위그너와 폴 에르되시, 레오 실라르드Leo Szilard, 에드워드 텔러 등이 있다.

그런데 폴 위그너가 인정한 천재는 폰 노이만뿐이다. 13살의 폴 위그너에게 정수론을 가르친 것이 12살의 폰 노이만이었다고 하니 위그너가 인정할 만하다.

폰 노이만의 천재성을 증명하는 일화는 많다.

수학 퍼즐에 자주 나오는 다음 문제는 지인이 폰 노이만에게 냈던 문제이다.

문제

20마일의 거리에서 각각의 자전거가 시속 10마일의 속력으로 서로를 향해 출발했다. 그리고 이 자전거 사이에는 파리가 시속 15마일의 속력으로 날고 있다.

파리는 시속 15마일의 속도로 날다가 한 자전거에 부딪치면 방향을 바꿔 다른 자전거를 향해 날아간다.

이와 같은 과정을 반복하며 파리가 날고 있다가 두 자전거가 충돌했을 때 파리가 날았던 총 거리는 얼마일까?

풀이와 답은 112쪽에 있습니다.

폰 노이만은 이 문제에 대한 답을 바로 이야기했다고 한다.

이 문제는 무한등비급수로 풀 수 있는데 너무 쉽게 맞추는 폰 노이만에게 지인은 감탄하며 더 쉬운 공식이 있는지 물었다.

그런데 폰 노이만은 암산으로 답을 구한 것이었다.

그가 얼마나 수학적 재능이 뛰어났는지를 잘 보여주는 일화이다.

20대부터 한 달에 한 번꼴로 논문을 쓰고 수많은 연구를 했던 존 폰 노이만이기에 수학자들은 무엇을 연구하든 폰 노이만의 발자취를 만나게 될 수밖에 없다고 한다.

그중에서도 폰 노이만의 연구 결과물 중 30%가 대수학 분야를 다루고 있는 연산자이론으로 작용소이론이라고도 한다.

폰 노이만은 순수수학을 시작으로 응용수학, 물리학, 컴퓨터 공학, 생물학, 통계학, 경제학 등의 분야에 업적을 남겼다. 그중에는 제2차 세계대전에서 시행된 맨해튼 프로젝트도 있다.

1945년 투하된 원자폭탄과 원자폭탄 구름.

오펜하이머, 닐스 보어, 한스 베테, 엔리코 페르미, 리처드 파인만 등 20세기 물리학계의 거장들이 참여한 맨해튼 프로젝트는 세계 최초로 핵무기를 개발하는 연구였다. 이 프로젝트에서 천재 중의 천재로 꼽히는 폰 노이만은 플루토늄을 이용한 원자폭탄의 원천기술인 고폭발성 렌즈를 만들어 결정적인 역할을

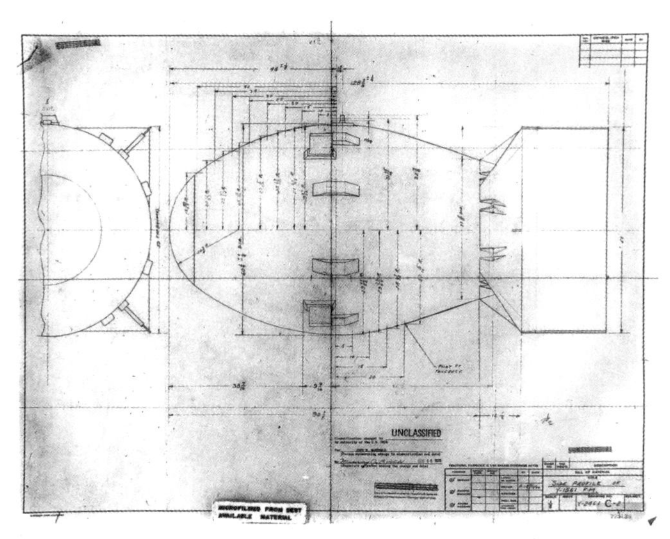

원자폭탄 구조도.

했다.

폰 노이만의 연구 중 게임이론도 우리 사회에 많은 영향을 미쳤다.

게임이론은 모든 사람이 각자의 위치에서 최선을 다했을 때 모두에게 가장 좋은 결과가 나올지에 대한 의문에서 시작되었다.

이 게임이론은 많은 학자들의 관심을 불러일으켰으며 그 결과 노벨 경제학상을 수상한 학자들을 배출했다. 그리고 경제학에 여전히 중요하게 활용하는 이론이다.

이처럼 현대사회에 많은 영향을 준 천재 수학자 폰 노이만의 가장 큰 업적은 바로 오늘날의 컴퓨터 근간을 이루는 폰 노이만 구조일 것이다. 우리가 쓰는 컴퓨터 중앙처리장치의 내장형 프로그램을 처음 고안한 창시자가 바로 폰 노이만인 것이다.

'폰 노이만 설계'로 알려진 컴퓨터의 구조는 다음과 같다.

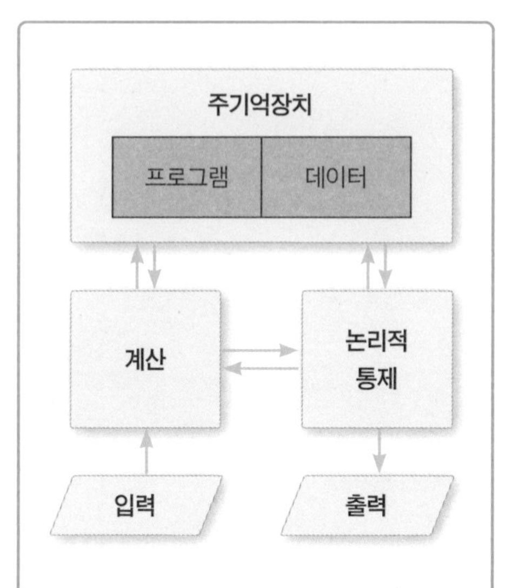

대부분의 비병렬 컴퓨터는 프로그램과 데이터가 저장되는 주기억장치, 계산, 논리적 통제, 입력과 출력을 담당하는 서로 분리된 5개의 부분으로 구성된 '폰 노이만 설계'의 개념을 따르고 있다.

그림을 살펴보면 주기억장치, 계산, 논리적 통제, 입력과 출력의 5부분으로 이루어져 있는데 프로그램의 저장 개념과 함께 우리가 현재 사용하고 있는 컴퓨터의 기본 설계임을 알 수 있다. 또한 폰 노이만은 컴퓨터 하드웨어의 설계를 연구하고 수치

현대의 컴퓨터 구조는 '폰 노이만의 설계'를 바탕으로 디자인 및 제작한 것이다.

해석을 위한 알고리즘을 개발했다. 그가 앨런 튜링의 튜링 기계를 중앙처리장치(CPU), 메모리, 명령어를 넣는 프로그램의 구조로 확립시켜 현재의 컴퓨터들이 등장한 것이다.

폰 노이만의 연구 중에는 셀룰러 오토마타에 대한 것도 있다.

셀룰러 오토마타란 계산 가능성 이론과 수학에서 연구되는 이산 모델의 하나로, 유한 상태를 갖는 소자들로 구성된 셀 배열에서 주변 셀의 일정한 변화에 따라 규칙적으로 변화하도록 만든 자동 장치를 말한다.

셀룰러 오토마타의 예.

이는 우주의 기본물질에 대한 개념을 담은 셀룰러 오토마타 이론cellular automata Theory으로 발전했다. 셀룰러 오토마타는 영어로 'cellular automata'인데 우리말로 세포 자동자로 부르기도 한다.

인간계의 천재라는 폰 노이만을 물리학계에는 양자역학의 공리적 기초를 세운 물리학자로 기억한다. 경제학자들은 사회과학 분야에 게임이론을 접목시켜 경제학의 발전에 큰 공헌을 한 것을 꼽는다. 컴퓨터 공학에서는 현대 컴퓨터 구조의 창시자로 꼽는다. 미군에서는 원자폭탄과 핵폭탄의 개발 공헌자로 기억한다. 생물학 분야에서는 셀룰러 오토마타 이론을 기린다. 그리고 수학 분야에서 그를 기억해야 할 곳은 수없이 많다.

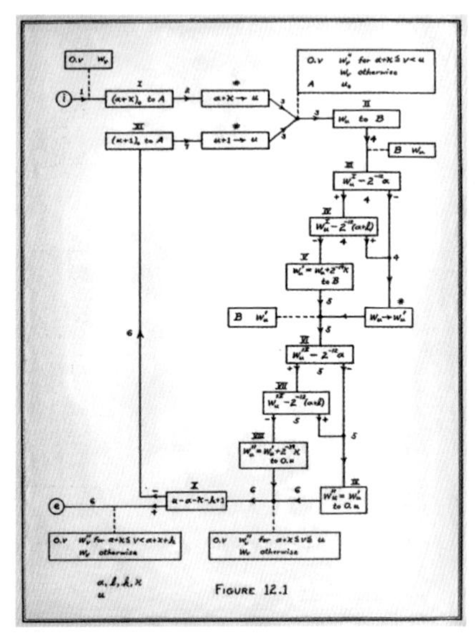

폰 노이만, 골드스틴, 헤즈만 하이네가 공동 연구한 컴퓨터의 자료 중 일부(1947년).

이 세기의 천재가 53세의 나이에 암으로 사망하자 컴퓨터 기술과 경영과학에 대한 폰 노이만의 업적을 기념하기 위해 학계에서는 폰 노이만 이론상을 제정했다.

풀이

두 자전거는 연속으로 움직이므로 충돌할 때까지 걸리는 시간은 $20 \div (10+10) = 1$(시간)이다. 따라서 파리가 움직인 거리는 15×1(시간) $= 15$(마일)이다.

답 15마일

11

쿠르트 괴델

1906~1978년

20세기 가장 영향력 있던
인물 100명에 든
단 2명의 수학자 중 한 명

괴델의 불완전성 정리

25세의 청년 수학자 괴델을 세계적으로 유명하게 만든 정리가 있다.

'진리이지만 증명할 수 없는 명제가 반드시 존재한다'는 한 줄로 설명할 수 있는 불완전성 정리이다. 그렇지만 정리에 관한 증명 과정을 이해하는 것은 절대 쉽지 않다.

불완전성 정리는 제1불완전성 정리와 제2불완전성 정

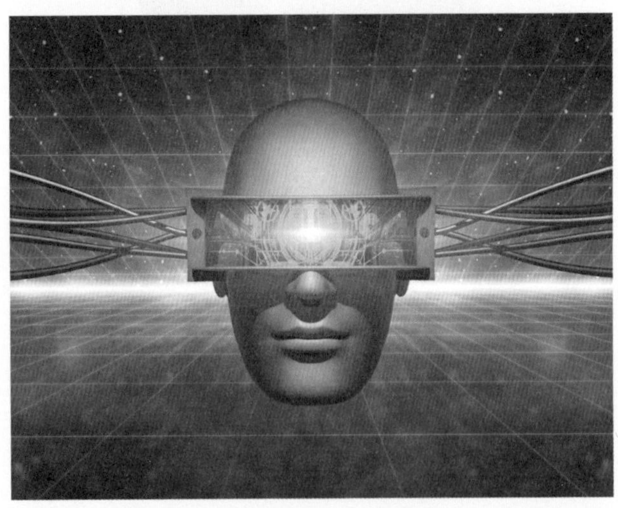

괴델의 불완전성 정리는 인공지능에게 사람의 지성을 가르쳐주는 한 인공지능이 도달 불가능한 영역이 있음을 선언한다.

리가 있다.

제1불완전성 정리는 증명이나 부정이 되지 않는 명제는 있다는 내용이다. '연속체 가설'은 증명도 부정도 되지 않는 명제임을 증명한 한 예이다.

제2불완전성 정리는 공리 체계에 모순이 없으면, 모순이 없다는 것을 증명하지 못한다는 내용이다.

현재까지도 괴델의 불완전성 논리에 커다란 점수를 주는 이유는 분석철학과 언어학, 수리논리학, 컴퓨터 설계에 지대한 영향을 주었기 때문이다.

아리스토텔레스 이후
가장 위대한 논리학자

미국의 수학자이자 논리학자인 쿠르트 괴델Kurt Gödel은 오스트리아에서 태어나 빈 대학교에서 수학을 전공했다. 그리고 빈 대학교에 강사로 재직하며 수학기초론과 논리학에 결정적인 전환점을 가져온 괴델의 정리를 발표했다. 그중에서도 1931년 발표한 '괴델의 불완전성 정리'는 수학계에 파란을 일으켰다.

당시 수학계는 힐베르트나 러셀의 공리적인 방법을 통해 수학 체계를 세우는 연구가 대세를 이루고 있었다.

그런데 괴델은 힐베르트의 이론대로 몇 가지 기호와 규칙을 만들어 수학에서만 쓸 수 있는 언어를 만들면 이 언어로 만든 수학 명제 중에 참인지, 거짓인지 알 수 없는 명제가 반드시 존재함을 증명한 것이다.

괴델의 불완전성 정리는 수학뿐 아니라 언어처럼 기호와 규칙을 가진 체계는 완벽하지 않다는 것을 보여준다.

그런데 불완전성 정리가 힐베르트의 이론을 깼다고 해서 힐베르트의 형식주의의 중요성이 사라진 것은 아니다. 힐베르트의 주장은 여전히 유효하며 현대 수학은 여전히 힐베르트의 이론에 바탕을 두고 발전하고 있다.

또한 수학자들이 새로운 이론을 제안하거나 증명하면 그에 대한 검증 과정에서 또 다른 이론과 발전이 이루어지듯 괴델의 불완전성 정리는 수학기초론의 모순을 드러냄으로써 오히려 수리논리학이 더 발전할 수 있는 계기를 만들었다.

이뿐만 아니라 괴델의 불완전성 정리는 분석철학, 인식론을 비롯해 언어학, 현대의 인지과학 등에도 영향을 미쳤다.

또한 괴델의 불완정성 원리는 인공지능의 한계에 대한 연구에도 영향을 주었다. 공리와 규칙을 어떻게 선택해도 만약 그 체계에 모순이 없다면 이 체계 중에 증명할 수 없는 진리인 명제가 있다는 원리는 기호와 규칙으로 이루어진 컴퓨터 언어로 인공지능에게 사람의 지성을 가르쳐주는 한 인공지능이 도달할 수 없는 영역이 있다는 해석을 불러온 것이다.

그리고 이와 같은 이론은 정리의 증명에 사용된 코딩이론, 계

인공지능의 영역은 무한할까? 아니면 한계가 있을까?

산 가능성 이론 등과 함께 앨런 튜링, 폰 노이만과 같은 천재 수학자들에게 영감을 주면서 세계 최초의 현대적 컴퓨터 설계를 만드는 이론의 바탕이 되었다.

괴델의 업적으로 사람들이 자주 언급하는 것 중에는 '괴델의 정리'도 있다. 괴델의 정리는 불완전성 정리와 함께 논리학 및 수리논리학에 큰 영향을 미쳤다.

사실 불완전성 정리가 논리학 및 수학사에서 가장 경이롭고 아름다운 정리 중 하나라고 언급될 정도로 파급효과가 너무 커서 괴델을 떠올리면 불완전성 정리를 자동으로 인식하지만 괴델의 정리는 1930년에 증명했고 불완전성 정리는 1931년에 증명된 것을 알 수 있듯이 괴델의 정리가 제1정리, 불완전성 정리가 제2정리이다.

괴델의 정리는 '괴델의 완전성 정리'라고도 부른다.

수리논리학은 수학기초론이라고도 부르며 집합론, 기호논리학 등을 포괄하는 수학의 한 분야이다. 그리고 괴델은 아리스토텔레스 이후 가장 위대한 논리학자라는 평을 듣고 있다.

사실 괴델의 업적이나 학문적 영향은 아인슈타인의 상대성이론만큼이나 중요하다는 평가를 받고는 한다. 현대사회의 눈부신 발전을 이끌고 있는 컴퓨터의 아버지 앨런 튜링과 함께 20세기 가장 영향력 있던 인물 100명에 든 단 2명의 수학자 중 한 명일만큼 괴델의 연구는 그 가치를 인정받고 있지만 대중들에게는 그리 크게 알려져 있지 않다.

그렇다면 왜 대중에게는 괴델이 잘 알려져 있지 않은 것일까?

이 천재 수학자는 8살부터 류머티즘을 앓을 정도로 허약해 극도의 건강염려증 속에서 은둔자적 삶을 살았기 때문이 아닌가 한다. 소심하고 자신감이 없었던 이 천재는 자기혐오에 시달리다가 갈수록 환경이 열악해지자 불안 증세까지 나타났다.

이런 그의 곁을 지킨 친구는 알베르트 아인슈타인이었다. 아인슈타인은 괴델이 1938년 나치의 박해를 피해 미국으로 망명

알베르트 아인슈타인.

하자 미국의 시민권을 취득하도록 증인을 서주고 한결같이 괴델을 지지했다. 이와 같은 아인슈타인의 도움을 받아 괴델은 프린스턴 고등연구소의 연구원으로 일할 수 있게 되었다.

하지만 천재적 재능에도 불구하고 괴델의 삶은 불우했다. 제2차 세계대전 때는 결국 직장에서 해고당했고 아인슈타인이 사망하자 괴델의 불안증은 극도로 강해져 아내인 아델이 만들어준 음식 외에는 모든 음식을 거부하는 상태까지 갔다.

결국 아델이 수술하기 위해 병원에 입원하자 괴델은 아무것도 먹지 않다가 아사했다. 병원 기록에 의하면 당시 괴델은 168cm의 키에 29kg의 몸무게였다고 한다.

12

그레이스 호퍼

1906~1992년

세계 최초로 컴파일러를 개발하고
프로그램 버그의 개념을 만든 수학자

편안한 안주 대신 도전을 선택한 수학자

우리에게 가장 큰 피해를 끼친 말은

"지금껏 항상 그렇게 해왔어"라는 말이다.

The most damaging phrase in the language is
"It's always been done that way."

마크Ⅰ의 최초 프로그래머였던 호퍼는 마크Ⅰ보다 다섯 배 빠른 계산 능력을 자랑하는 마크Ⅱ를 제작했다. 그런데

당시 마크Ⅱ 컴퓨터의 모습.

어느 날 마크Ⅱ가 작동을 멈추었다.

호퍼는 원인을 찾기 위해 컴퓨터 내부의 계전기 17,000개를 모두 확인했고 계전기 두 개 사이에 나방이 끼어 있는 것을 발견했다. 이를 보고 호퍼는 컴퓨터를 디버깅(debugging)했다고 기록했고 여기에서 버그와 디버깅의 어원이 탄생했다.

버그는 컴퓨터에 문제가 생기는 것을 말하고, 그 문제를 해결하는 것을 디버깅이라고 한다.

어메이징 그레이스로 불린 컴퓨터 프로그래밍의 선구자

'어메이징 그레이스Amazing Grace'란 별명이 붙을 정도로 놀라운 업적을 쌓은 그레이스 호퍼Grace Brewster Murray Hopper는 1906년 미국 뉴욕에서 태어났다.

어린 시절부터 건물 만들기를 좋아했고 기계의 내부구조에 호기심이 많아 7개의 자명종 시계를 분해하는 등 호기심을 직접 확인하는 타입이었다.

자녀 교육이 관심이 많았던 부모의 지지를 받으며 자란 호퍼는 뉴욕 바사르 대학에서 수학과 물리학을 전공했다. 또한 생물학, 지질학, 경제학, 경영학 강의도 청강생으로 참여했고 4년 후에는 예일 대학에서 장학금을 받으며 공부했다.

예일 대학을 졸업한 후 1941년 호퍼는 바사르 대학에서 수학 강사로 일하면서 대수학과 기하학, 삼각법, 미적분학, 확률론과 통계학 및 해석학과 기계제도 등을 강의하며 예일 대학 수학 박사 과정을 밟아 박사학위를 받았다.

1943년 제2차 세계대전이 발발하자 호퍼는 미해군에 자원입대서를 냈다. 하지만 체중미달과 나이로 허가가 나지 않자 호퍼는 여러 번 해군의 문을 두드린 끝에 여군지원단[WAVES]에 입대했다.

1년 후 미해군 여군학교를 수석으로 졸업한 호퍼는 하버드 대학의 컴퓨터 연구소에 배치되어 임무를 부여받았다.

하버드 대학에 전시 중인 마크 I 컴퓨터.

그녀는 이곳에서 하버드 대학의 수학과 물리학 교수인 하워드 아이켄의 지휘를 받게 되었고 아이켄 교수가 만들어 해군에 기증한 마크Ⅰ 컴퓨터를 보게 되었다.

이 컴퓨터를 이용해 로켓의 궤적 계산 프로그램을 만드는 임무를 받은 호퍼는 이 외에도 여러 가지 군사적 목적을 위한 프로그램 개발에 참여했다.

또한 561쪽에 달하는 마크Ⅰ 컴퓨터의 매뉴얼을 만들었으며 모든 프로그래밍 작업의 감독과 신입 프로그래머의 교육을 담당하게 되었다.

계속해서 호퍼는 마크Ⅰ 컴퓨터를 개량해 마크Ⅱ 컴퓨터를 제작했는데 마크Ⅰ 컴퓨터보다 5배나 빠른 계산 속도를 자랑했다.

그런데 1945년 9월 9일 마크Ⅱ 컴퓨터가 작동을 멈추어 비상이 걸렸다. 호퍼는 마크Ⅱ 컴퓨터에 들어 있는 17,000개의 계전기를 모두 살펴보다가 두 개의 계전기 사이에 나방 한 마리가 끼어 있는 것을 발견해 핀셋으로 제거했다. 호퍼는 그 나방을 노트에 붙인 뒤 컴퓨터를 디버깅debugging 했다고 기록했다.

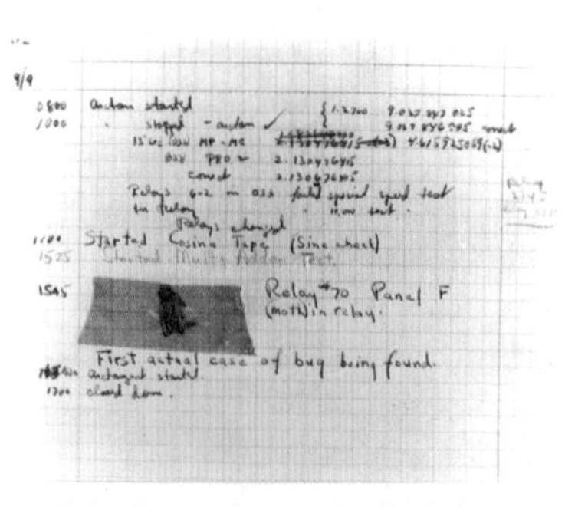

호퍼가 컴퓨터 버그를 기록한 당시 노트.

컴퓨터의 명령어가 논리적 혹은 문법적으로 오류가 생겼을 때 수정하는 과정을 뜻하는 디버깅은 이렇게 탄생했다. 그리고 컴퓨터의 프로그램 결함을 뜻하는 버그 역시 이 일에서 유래한다.

제2차 세계대전이 끝나자 호퍼는 대학으로 돌아가지 않고 해군 연구직에 합류했다. 그리고 장학금을 받으며 3년간 하버드 대학의 아이켄 컴퓨터연구소에서 시스템 엔지니어링 분야에서 일했다. 또한 마크Ⅲ의 설계와 제작에도 참여했는데 마크Ⅰ 컴퓨터보다 50배나 빠른 계산이 가능한 컴퓨터였다.

1949년 호퍼는 에커트 모클리 컴퓨터 회사(곧 레밍턴 란트에 합병된다)로 자리를 옮겨 기존 컴퓨터에서 사용한 이진법보다 더 발달된 형태인 팔진법 프로그램을 적용시키는 바이낙BINAC 컴퓨터를 만들었다.

이를 토대로 레밍턴 란트사는 대량생산이 가능한 상업용 컴퓨터 유니박UNIVAC을 출시했는데 진공관과 자기테이프 및 메모리 장치를 사용하는 컴퓨터로, 마크Ⅰ보다 1000배나 빠른 속도를 자랑했다.

대량생산이 가능한 유니박 컴퓨터를 개발해 전시했던 당시 사진.

그녀의 연구는 더 나아

가 컴파일러 프로그램을 탄생시켰다. 그녀의 수많은 연구 결과 중에는 우리가 익히 알고 있는 'Input' 'compuare' 'go to''transfer' 'If Greater' 'Jump' 'Rewind' 'Output'을 명령어로 사용하는 컴파일러 프로그램도 있다.

1957년 호퍼를 비롯한 컴퓨터 산업계의 개발자들은 어떤 컴퓨터 회사든 상관없이 모든 컴퓨터에는 표준화된 컴퓨터 언어를 적용해야 한다는 것을 인식하게 되었다. 이 방대한 작업을 수행하기 위해 미국 정부와 기업, 대학에서는 표준화된 정보처리언어의 개발에 협력할 것을 합의했다.

1972년 버전의 코볼-표준화된 컴퓨터 언어의 필요성을 느낀 미국 정부는 기업, 대학 등과 함께 코볼을 개발했다.

그 뒤 1960년 코볼COBOL 언어의 첫 번째 버전이 나오면서 이 작업은 순항하게 되었다.

40대에 프로그래밍에 입문해 세계 최초의 컴퓨터 컴파일러를 만들고 프로그래밍 언어 코볼을 세상에 선보였던 호퍼는 현대 소프트웨어 산업에 가장 큰 영향을 준 프로그래머이자 컴퓨터 기술로 세상을 바꿀 수 있다고 믿었던 수학자이다.

그녀는 컴퓨터와 관련된 수많은 연구를 했고 다양한 보고서를 작성했으며 그녀가 발표한 보고서 중 〈컴퓨터 교육〉에는 고급 프로그램 언어로 작성된 코드를 컴퓨터가 이해할 수 있도록 이진 코드로 만들어 주는 기술을 담았다. 이는 오늘날의 컴파일러의 개념과 프로그래밍 코드 해석 방법을 정의한 것이다.

자동화 프로그램 개념도 호퍼의 작품이다. 제2차 세계대전에서는 함정의 함포 탄도 계산을 맡아 기록적인 명중률을 자랑했으며 미 해군 최초의 여성 제독이자 자신의 이름을 함정에 붙인 여성이기도 하다.

그리고 60세가 되던 1966년 해군의 규칙에 의해 정년퇴직을

해야 했지만 곧 임시직으로 채용되어 1986까지 해군 프로그래밍 언어 연구팀의 팀장직을 수행하며 계속 임무를 수행했다.

미 해군에서의 호퍼의 업적과 컴퓨터 과학계에 대한 공헌은 높은 평가를 받았으며 1986년 호퍼는 79세의 나이에 미 국방성의 최고공훈훈장을 받으며 최고령 장교로 퇴역했다. 뿐만 아니라 이지스구축함 DDG-70은 여성 제독이었던 호퍼의 이름을 따 호퍼함으로 명명했다.

코볼 컴파일러를 개발한 호퍼의 업적을 기리기 위해 미국 컴퓨터협회ACM가 제정한 그레이스 머레이 호퍼 상Grace Murray Hopper Award도 있다.

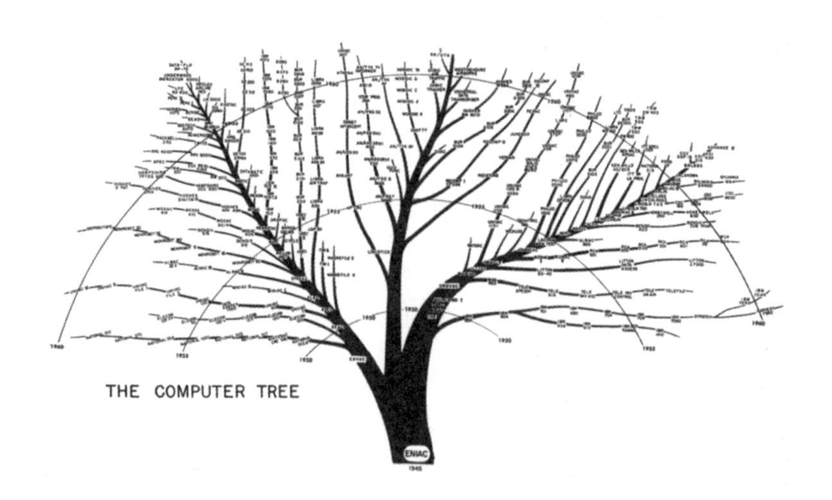

위 이미지는 미국 육군이 에니악ENIAC에서 사용하는 컴퓨터의

진화를 보여주는 나무로 컴퓨터 트리라고 불린다.

컴퓨터 트리는 전자 디지털 컴퓨터의 진화를 보여준다. 자동 컴퓨팅과 데이터 처리 산업은 세계 최초의 전자 디지털 컴퓨터인 에니악을 생산한 미 육군 오드넌스 군단이 후원하는 연구 성과이다. 이 산업은 정부, 기업, 산업, 교육 등 각 분야에서 다양한 직업과 산업을 성장시켰다.

13

앨런 튜링

1912~1954년

현대 컴퓨터의 아버지

앨런 튜링의 발명품-
튜링 기계와 봄베!

천재 수학자이자 과학자인 앨런 튜링은 1936년 튜링 기계와 1939년 봄베로 유명하다. 튜링 기계는 수학문제에서 알고리즘을 갖춘다면 연산을 수행할 수 있다는 이론으로 생성된 가상의 기계이다. 그의 아이디어로 일련의 계산과정을 단계를 거쳐 수행할 수 있게 된 것이다.

튜링 기계에는 수많은 칸으로 나누어진 긴 테이프가 있는데, 한 칸에는 한 개의 부호만을 입력할 수 있다. 튜링 기계가 작동하면 이 테이프가 좌우로 이동하며 헤더를 통과하여 테이프의 부호를 판독과 기록, 제거를 할 수 있는데, 이것이 현대 컴퓨터의 시작이다. 공리가 추론 규칙을 통해 정리로 완성하는 것을 실현한 것이다. 즉, 데이터의 입력이 프로그램을 통해 출력되는 것은 현대의 컴퓨터와 맥락이 일치한다.

그러면서도 개발 당시에 어느 정도의 연산이 가능해서 효율적으로 성과를 이룬 점은 획기적이었다.

튜링 기계는 인공지능과 패턴 인식, 언어의 구조에 관한 연구에도 이용한다. '튜링 테스트Turing Test'에 의하면 튜링 기계는 인간과 기계가 서로 대화하고 기계가 인간처럼 생각하는 것이 가능한지를 테스트하기 위해 사용할 수 있다.

한편 봄베Bombe는 제2차 세계대전의 종결을 앞당기는데 기여했다. 제2차 세계대전의 1,400여 명의 생명을 구했다고도 한다. 독일 해군은 영국군의 물자 보급로 차단과 전함의 무자비한 격침을 하여 승전의 우위를 차지했다. 감히 넘볼수 없는 독일 해군의 전투력을 영국군과 함께 참전국이던 연합군들은 실감해야 했다.

영국군이 독일 해군에게 타격을 받은 이유는 전략적 암호체제에 있었다. 독일은 에니그마Enigma라는 암호 생성기로 작전 메시지를 상호 전달한 것이었다. 암호를 해독하여 영국군을 비롯하여 연합군에게 전세를 바꾼 것은 다름 아닌 봄베였던 것이다. 영국군이 암호를 해독한 후 독일군의 암호는 무용지물이 되어 점차 전세는 영국군과 연합군에게 유리해졌고, 해상로를 장악하게 되어 세계대전은 2년여 정도 빨리 종결되었다고 현재는 분석한다.

봄베는 튜링이 고안했지만 고든 웰치먼Gordon Welchmen이 개량했다. 더욱 암호 기계를 개발하여 제2차 세계대전 말에는 전자 컴퓨터 콜로서스colossus를 개발하여 독일 해군과 대응하여 승전을 한다. 콜로서스는 기억장치 및 정보처리 능력을 두루 갖춘 기계였다.

이로써 제2차 세계대전은 수학의 필요성을 중대하게 인식한 전쟁으로 평가한다. 또한 튜링이 사후 남긴 계산기는 한 명의 수학자가 평생 계산한 모든 문제를 단 몇 초만에 계산할 수 있을 정도로 우수했다.

브레츨리 파크의 튜링 봄베.

컴퓨터의 아버지로 불리는
비운의 천재 수학자

앨런 튜링Alan Mathison Turing은 보통 비운의 천재 수학자이자 컴퓨터의 아버지로 알려져 있다.

1912년 영국 런던에서 태어난 앨런 튜링은 학창시절 뛰어난 수학 성적으로 많은 상을 받으며 생활하다가 친구인 크리스토퍼 모르콤이 죽자 인간의 마음에 대해 고민하게 된다. 그리고 이 형이상학적 주제는 훗날 그가 컴퓨터를 연구할 때 영향을 주게 된다.

1931년 케임브리지 킹스 대학 수학과에 입학한 앨런 튜링은 3학년 때 우수한 성적을 내면서 받은 장학금으로 대학원 공부를 하게 되었다.

그는 당시 확률론과 통계학을 공부하면서 듣게 된 천체 물리학자인 에딩턴 경의 과학방법론 강의의 오류를 잡기 위해 '중심극한정리'라고 알려진 기본 정리를 수학적으로 증명해냈다. 이는 12년 전 이미 핀란드 수학자 린드버그가 증명한 내용이었지만 킹스 대학은 튜링을 연구교수로 선임했다.

계속해서 튜링은 1935년부터 1937년까지 결정 가능 문제를 연구했는데 '어떤 수학적 명제의 증명 가능 여부를 알 수 있는 알고리즘이 과연 존재할까?'라는 힐베르트의 질문에서 시작한 난제였다.

수학자 괴델이 증명할 수 없는 수학적 명제가 존재함을 증명해냈고 튜링은 그와 같은 알고리즘도 존재하지 않음을 증명했다. 튜링의 이러한 증명이 실린 논문 〈계산 가능한 수와 결정 문제의 응용에 관하여On Computable Numbers, with an Application to the Entscheidungsproblem(1937)〉는 매우 빼어난 논문으로, 컴퓨터의 근본적인 디자인을 최초로 소개하고 있다. 우리가 흔히 말하는 가상의 연산 기계인 튜링 기계이다. 24세의 청년이 만든 이 튜링 기계는 20세기 과학사의 10대 사건에 들어갈 만큼 위대한 업적으로 평가받는다. 지금 우리가 사는 IT 세상의 시작을 알리는 사건인 것이다.

튜링 기계는 총 5개의 부품으로 이루어져 있다. 무수히 많은 칸으로 이루어진 테이프와 테이프에 기록되는 기호들, 그 기호를 읽거나 쓰는 장치들, 그 장치의 상태들, 기계의 작동 규칙표가 바로 그것이다.

그리고 튜링이 보편만능기계Universal Computing Machine라고 불렀던 이 궁극의 기계는 현대 컴퓨터에 그대로 구현되었다.

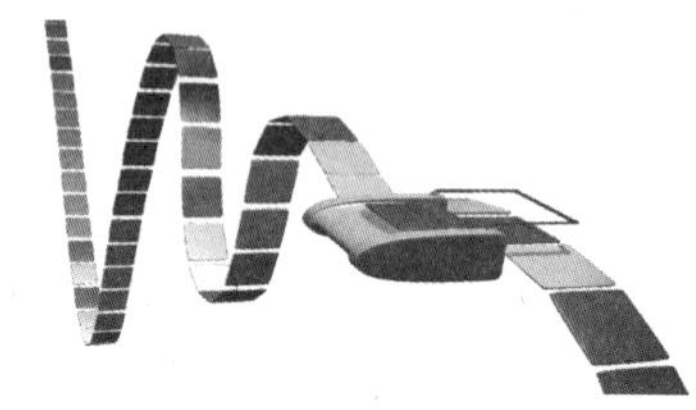

튜링 기계는 컴퓨터의 원천 설계도로 현대의 컴퓨터와 맥락이 같다.

예를 들어 튜링 기계에 내장된 테이프는 메모리칩으로, 테이프에 읽고 쓰는 장치는 메모리칩과 입출력 장치로, 기계의 작동 규칙표는 중앙처리장치(CPU)로 발전했다.

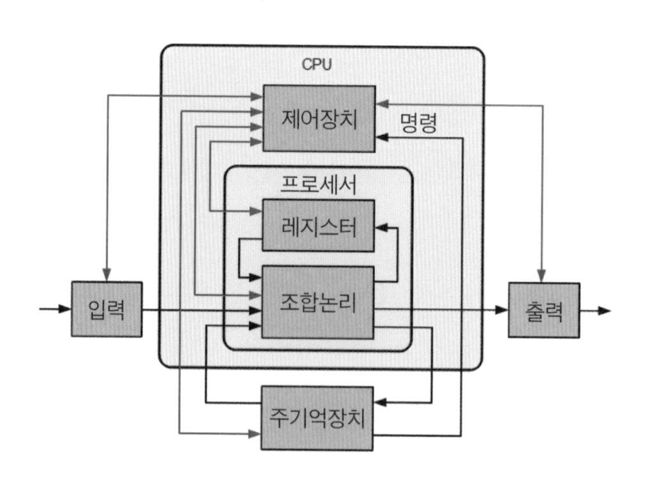

현대 컴퓨터의 구조.

우리는 컴퓨터를 이용해 업무의 상당 부분을 처리하는 시대에 살고 있다.

튜링은 이 논문을 1936년에 완성했지만 발표는 1937년에 했다. 미국의 수학자 알론소 처치가 발표한 논문이 자신의 논문과 같은지를 확인해야만 했기 때문이다. 서로의 논문을 읽어본 두 수학자는 같은 결정 문제를 증명한 방법이 서로 다른 것을 확인하고나서야 튜링은 논문을 발표할 수 있었다. 하지만 이것을 인연으로 튜링은 미국의 프린스턴 대학에서 장학금을 받으며 알론조 처치 교수의 제자로 지내며 연구 활동을 계속했다.

1938년 튜링은 기존의 튜링 기계를 보강한 하이퍼계산Hypercomputuation에 관한 연구로 박사학위를 받았다. 이 논문은 다른 수학자들의 연구에 영향을 줄 정도로 파급력이 컸다.

계속해서 튜링은 리만 가설을 증명하기 위해 '리만-제타 함수의 값'을 기계적으로 구하는 연구를 한 끝에 〈제타함수의 계산방법〉을 발표했다.

프린스턴 대학에서 박사학위를 받은 튜링은 다시 영국으로 돌아와 '리만-제타 함수의 값'을 계산하기 위한 특수목적의 아날로그 컴퓨터를 제작했지만 제2차 세계대전이 일어나면서 이 연구는 중단되게 되었다.

그리고 제2차 세계대전은 수학 천재 튜링을 전쟁의 한가운데로 불러냈다.

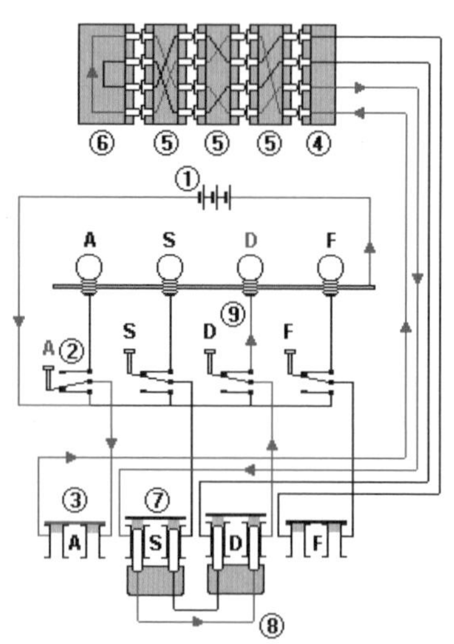

에니그마.

에니그마 코딩 머신의 흐름도.

영국 정부는 튜링을 독일군 암호 해독 부대인 울트라 프로젝트 암호해독에 합류시켰다.

당시 독일의 암호기계 에니그마는 3개의 회전축과 26개의 플러그판을 이용해 알파벳 숫자들을 뒤섞어 1조개 이상의 암호문을 만들어내는 골치 아픈 대상이었다.

튜링의 합류로 영국 정부는 몇 주가 걸리던 암호 해독 시간을 몇 시간으로 단축시킬 수 있었다.

1943년 독일군이 새로운 암호기계 로렌츠와 암호체계 피쉬를 개발하자 영국 정부는 미국 정부와 협력해 최초로 프로그래밍이 가능한 전자컴퓨터 콜로서스Colossus를 개발했다.

콜로서스의 일부.

획기적인 성능을 자랑하는 콜로서스는 독일의 암호를 성공적으로 해독했고 전쟁이 끝나자 영국 정부는 튜링에게 영국제국 훈장을 수여했다.

튜링은 케임브리지 대학의 교수직 제의 대신 영국 정부가 설립한 국립물리학 연구소의 수학과 연구원으로 합류해 현대 컴퓨터에 보다 가까워진 전자컴퓨터를 설계했다.

그리고 1946년 체스게임이나 퍼즐도 풀 수 있는 만능튜링 기계를 현실화하기 위한 프로젝트를 제안했지만 좌절되어 국립물리학 연구소에서 나왔다.

맨체스터 대학교의 교수로 자리를 옮긴 튜링은 새로운 컴퓨터 개발 연구를 이어나갔다.

생각하는 컴퓨터를 만드는 것이 궁극적 목표였던 튜링은 신경학과 생리학을 공부하며 정확한 정보가 구현되는 컴퓨터 설계를 연구하며 튜링 테스트라고 알려진 인공지능 컴퓨터 테스트

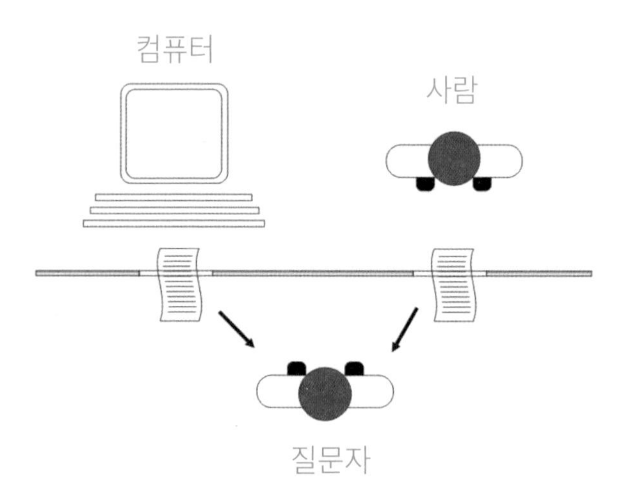

질문자(보통 사람들)가 정해진 시간 동안 숨겨진 상대와 대화를 나눈 뒤 인공지능인지 사람인지 구별해내지 못하거나 컴퓨터를 사람으로 판단한다면 인공지능은 사람처럼 사고할 수 있는 것이다.

를 제안했다. 컴퓨터가 인간처럼 반응할 수 있는지 알아보기 위한 테스트이다.

서로 다른 방에 있는 상대방에게 키보드로 질문하고 답변을 들은 뒤 상대방이 인간인지 컴퓨터인지를 결정한다는 튜링 테스트를 발표하며 튜링은 다음과 같이 예견했다.

앞으로 50년 뒤에는 비약적으로 발달한 컴퓨터에게 보통 사람들이 질문을 해서 5분 안에 사람인지 컴퓨터인지 판단해 맞출 확률이 70%가 넘지 않을 것이다.

하지만 아직 인공지능 컴퓨터는 튜링이 원하던 수준까지 올라오지 못한 상태이며 지금도 컴퓨터가 인공지능을 가지고 있는

질문을 통해 상대가 인간인지 인공지능인지를 테스트하는 튜링 테스트는 고도의 기술이 축적된 지금도 여전히 인공지능의 수준을 가늠하기 위해 이용되고 있다.

지 검사하기 위해 튜링 테스트를 이용한다.

튜링의 연구는 인공지능과 발생학이라는 복합수학으로 발전했지만 순수 수학 분야에 대한 관심도 계속되어 〈리만-제타 함수에 대한 계산〉 등의 논문을 발표했다.

하지만 성정체성의 문제로 당시 영국의 수상 처칠을 비롯해 영국 정부에서 철저하게 배척받았고 강제적으로 진행된 정신과 치료는 그를 피폐하게 만들었고 1954년 청산가리 흡입으로 사망했다. 그의 죽음은 지금도 자살이냐 타살이냐로 논쟁 중이다.

14

폴 에르되시

1913~1996년

방랑하는 수학자

Paul Erdős

해피엔드 문제들

폴 에르되시, 세케레시 죄르지Szekeres György 그리고 클라인 에스터Klein Eszter가 학생일 때 함께 풀었던 기하학 문제로 다음과 같다.

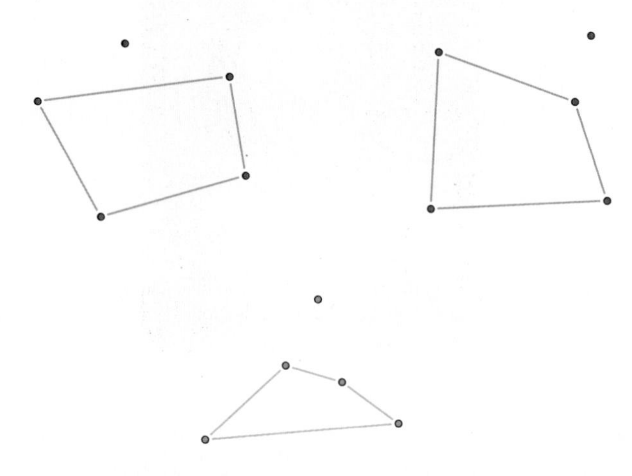

에르되시의 해피엔드 문제들.

평면 위에 임의로 정한 점 5개가 있다. 이 점들 중 3개가 직선 위에 존재하지 않으면 5개의 점이 어떻게 놓여 있든 이 중 4개의 점을 연결하면 볼록 사각형을 얻을 수 있음을 증명한 것이 해피엔드 문제들이다.

수학자들을 돕는 수학자

헝가리의 수학자 폴 에르되시Paul Erdős는 함수론, 기하학, 정수론 등 수학의 전 분야에 걸쳐 무려 1,475편의 논문을 남긴 20세기를 대표하는 수학자이다.

부모님이 모두 수학교사였던 에르되시는 3살에 암산으로 세 자릿수 곱셈을 하고, 4살에 음수를 계산했으며 21살에 수학 박사 학위를 받을 만큼 수학을 좋아한 괴짜 천재 수학자였다.

그는 천재적인 수학적 재능을 인정받아 유대인임에도 불구하고 외트뵈시로란드 대학교에 입학할 수 있었다.

하지만 결국 헝가리의 유대인 박해를 피해 영국으로 망명해야 했고 그의 아버지와 두 삼촌들은 홀로코스트의 희생자가 되는 아픔을 겪었다.

에르되시는 다시 미국 프린스턴 대학으로 옮겼고 이 무렵부터 정착 대신 수학자들과의 토론과 연구를 위해 정처 없이 떠도는 생활을 시작했다. 그리고 평생 부와 명예를 쌓는 일보다는 오직 수학을 추구하는 인생을 살았던 열정가였다.

그의 별명이 방랑하는 수학자였던 이유는 단순했다. 수학노트가 담긴 여행용 가방 하나와 옷들이 들어 있는 플라스틱 가방을 들고 60여 년 동안 수학자들과 토론하기 위해 4대륙을 여행했기 때문이다.

그저 커피 한 잔과 수학을 연구할 수 있는 환경만 주어지면 행복했던 그는 친구나 동료 수학자에게 불쑥 찾아가 그들이 지칠 때까지 관심 있는 수학을 연구하다가 논문이 완성되면 다른 수학자를 찾아 떠났다.

그의 좌우명은 다음과 같았다.

다른 지붕 밑에서는 다른 증명을

another roof, another proof

1,500여 편의 논문을 남긴 수학자다운 좌우명이라 하지 않을 수 없다. 그래서 사람들은 그를 수학에 미친 사람 또는 수학의

성직자로 불렀다.

그가 연구한 수학은 다양한 분야에 걸쳐 엄청나게 많은 양을 자랑한다. 또한 그는 난제들 즉 어렵고 복잡한 문제들을 좀 더 쉽게 이해할 수 있도록 시각적으로 증명해내는 데 집중했다.

뿐만 아니라 도움을 필요로 하는 수학자가 있다면 언제든지 자신의 지식과 경험을 나눴으며 항상 내 머리는 열려 있다고 말하며 공동연구도 마다하지 않았다. 그리고 그와 공동연구를 한 수학자는 자그만치 511명(485명 또는 509명이란 이야기도 있다)이나 된다.

이로 인해 '에르되시 수'라는 이론이 생겼다.

에르되시 수는 다음과 같다.

1 에르되시 자신의 에르되시 수는 0이다.

2 에르되시와 공저를 한 511명의 에르되시 수는 1이다.

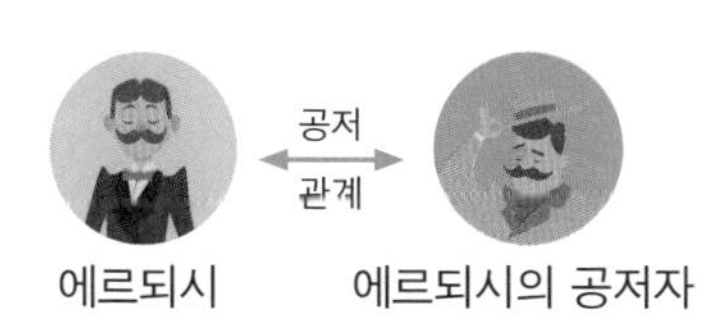

3 에르되시와 공저를 하지 않았지만 에르되시의 공저자들과 공저를 한 수학자들은 에르되시 수 2이다(에르되시 수 2에 해당되는 공저자들은 약 9,000여 명이 된다고 한다).

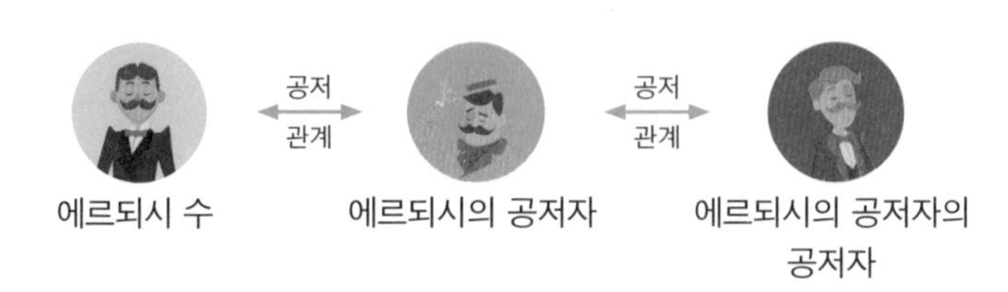

에르되시 수는 대략 15까지 있으며 공저자 네트워크는 현재 따로 관리되고 있다. 에르되시 수가 작을수록 뛰어난 수학자로 인정받기도 한다. 이 에르되시 수에서 나온 또 다른 이론이 케빈 베이컨의 6단계 법칙이다.

에르되시 수에서 살펴볼 수 있듯이 에르되시는 부와 명예가 아니라 수학 난제를 푸는 것에 모든 관심을 쏟았고 동료 수학자들에게 아낌없이 자신의 연구를 나누었으며 그들의 연구를 조력하여 증명에 시간과 노력을 쏟아부었다.

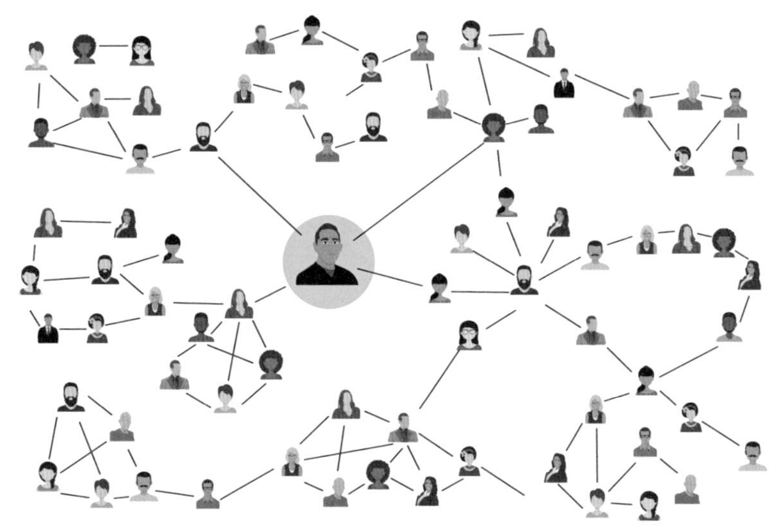

케빈 베이컨의 6단계 법칙.

그 결과 많은 수학적 성과를 거둘 수 있었고 순수하게 수학을 사랑하는 그의 모습은 수학자들에게 신뢰를 받았으며 연구에 대한 분쟁이 일어나면 수학자들은 에르되시에게 도움을 요청하는 경우도 많았다.

에르되시-레니의 '무작위 네트워크 모델'을 이미지화한 예.

하지만 실생활에 필요한 지식 즉 사회생활 능력은 거의 전무하다시피해서 은

행을 이용하거나 컴퓨터와 팩스도 사용할 줄 몰라 그의 친구들이 에르되시의 강의료를 수표로 받아 현금화하거나 논문을 보내고 받는 등의 일을 대신해주는 등 연구 이외의 생활 부분을 도와줬다.

수많은 수학 분야에 업적을 남긴 에르되시가 특히 관심을 가졌던 수학 분야는 조합론, 그래프 이론, 정수론 분야의 문제들이었다.

그래프 이론이란 유한개의 요소로 이루어지는 집합에서 임의의 두 원소 사이의 관계를 연구하는 학문으로, 현대사회에서 널리 이용하고 있다. 그래프 이론을 적용하는 대표적인 예로는 전

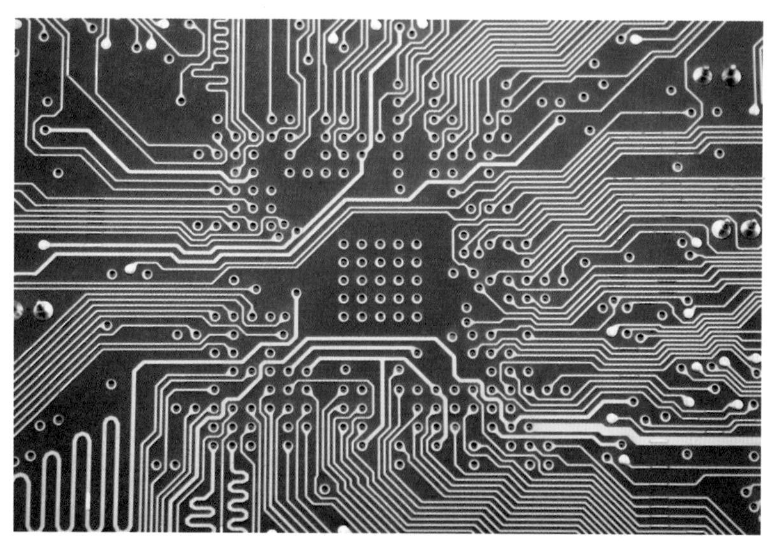

전기 회로망, 통신망, 물자 수송 등에도 에르되시의 그래프 이론이 이용되고 있다.

기회로의 프린트 기판의 배선이나 집적회로 등 전기회로망과 통신망의 문제, 물자의 수송 등 조업도 조사, 컴퓨터프로그램 이론, 부호이론 등이다.

그는 1951년 여러 편의 정수론 분야 논문으로 미국수학학회AMS에서 코레상Cole Prize을, 1984년에는 울프상Wolf Prize을 수상했다.

한때 그는 심장마비를 일으켜 병원에 입원해야 했는데 그 상태에서도 수학 저널이 가득 쌓인 병실에서 영어, 독일어, 헝가리어로 세 그룹의 수학자들과 토론했다. 에르되시는 항상 죽음은 수학을 그만두는 것이라고 말하던 평소의 신념대로 면회 온 수십 명의 수학자들과 토론을 했을 뿐만 아니라 최악의 건강상태를 보였던 1996년에는 조합론, 그래프 이론, 계산 이론에 대한 국제 심포지엄에 참석해 강의를 했다.

너무 극악했던 건강상태로 인해 그는 강의 도중 잠시 심장마비가 왔음에도 의식을 회복하자마자 설명해줄 문제가 두 개나 더 남았으니 사람들에게 기다려달라고 했다고 한다.

이처럼 평생 수학만을 사랑하던 에르되시는 1996년 세상을 떠날 때 수학 문제를 풀던 노트북 하나를 전재산으로 남겼다.

존 내시

John Nash

1928~2015년

영화 〈뷰티플 마인드〉의

주인공이자 노벨 경제학상을

수상한 수학자

내시균형Nash Equilibrium

'나를 알고 상대방을 알면 백전백승!'이라는 전략적 명언이 있다. 이 전략의 이면에는 상대방의 행동예측도 포함한다. 상대방의 변화하는 동태를 빨리 알아내야 자신의 이익을 계산할 수 있기 때문이다.

게임이론은 수학적 이론으로 이러한 생각을 정식화하기 위해 생겼다. 전략을 계획하기 위한 의사결정에 중요한 학문이기 때문이다.

미국의 경제학자 메릴 플로드Merrill Flood와 멜빈 드레셔Melvin Dresher가 죄수의 딜레마를 1950년에 발표한 후 1994년에 존 내시는 둘 이상의 선수가 참가하는 경기에서 나타나는 어떤 상황과 전략을 가리키는 '내시균형'으로 노벨 경제학상을 수여했다. 그러나 내시균형은 이미 1950년 22살에 27쪽의 제목으로 쓴 〈비협력적 게임들〉인 박사논문이었다.

내시는 박사 논문을 수여받은 후 추가로 '내시균형'의 내용을 부분적으로 수정하여 연구했다.

내시균형에 따르면 게임이나 경기를 하면 상대방의 대응에 따라 자신의 전략을 구상하는데 상호간의 전략이 변화하지 않는 균형 상태에 이른다는 것이다. 상대방이 전략을 바꾸지 않는다면 자신도 마찬가지로 바꾸지 않는 상황에 놓일 수 있다.

전략을 바꾸지 않고 고수하는 것이 오히려 이익의 극대화가 될 수 있다. 내시균형은 앞으로의 행동 예측을 하거나 기업의 전략 등에 필요한 의사결정론으로 학문적으로나 실용적으로 많이 사용한다.

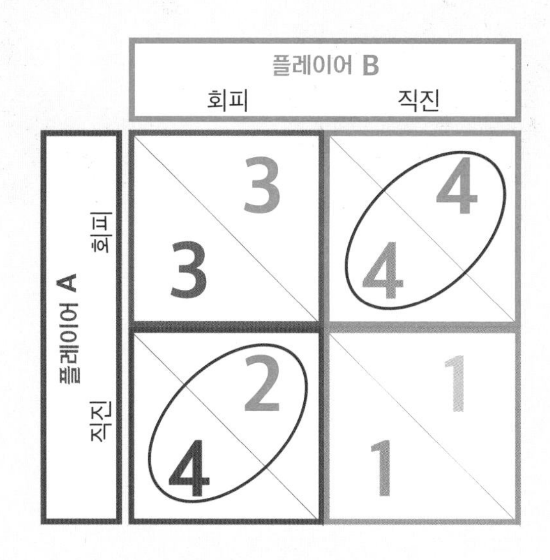

내시균형은 개인과 사회의 갈등을 비롯하여 생태학, 국가 간의 국제 분쟁과 군사 전략, 환경문제 계획, 금융 상황 통제 등에도 쓰이지만 축구 경기의 페널티 킥에서 가슴 졸이는 대결에서도 자주 볼 수 있다.

수학 연구로
노벨 경제학상을 받은 수학자

존 내시John Forbes Nash, Jr는 게임이론 중 하나인 내시균형을 정립시킨 비운의 천재 수학자이다.

1928년 미국 웨스트버지니아 주에서 태어난 내시는 1945년 카네기 공과대학교에 전액 장학생으로 입학해 화학공학을 전공하다가 도중에 화학으로 변경한 뒤 다시 수학과로 전과해 1948년 석사학위를 받았다. 그리고 2년 뒤 프린스턴 대학교 대학원에서 박사학위를 취득했다.

당시 내시가 프린스턴 대학원에 지원했을 때 그의 추천서에는 '내시는 천재'라는 한 문장만이 적혀 있었다.

대학원에서 내시는 수학 분야 중 경쟁과 협력이 주가 되는 게임이론을 연구하며 박사학위논문을 포함한 5개의 논문을 썼다. 2쪽으로 발표된 내시의 논문은 폰 노이만의 2인 사이에서 이루어지는 제로섬 게임을 2인 이상의 참가자들 사이의 게임이론으로 확장시켜 진화생물학, 경제학 이론과 정치적 전략들의 개념과 기술 등을 광범위하게 적용시킨 것이다.

이 논문은 내시균형의 아이디어가 담긴 것으로 다시 27쪽 분량의 논문으로 확장되어 내시균형을 증명했다.

폰 노이만은 경제학자 오스카르 모르겐슈테른과 함께 새로운 경제학 분석 방법인 게임이론을 제안한 헝가리의 천재 수학자로, 내시는 직접 폰 노이만을 찾아가 자신의 아이디어를 소개했다.

하지만 폰 노이만은 당시 아직 제대로 적립되지 않은 내시의 이론에 관심을 보이지 않았다.

그러나 낙심하는 대신 자신의 이론을 발전시켰고 내시의 이런 노력으로 탄생한 내시균형 이론은 게임이론의 발전에 막대한 영향을 미쳤으며 경제학, 동물학, 정치학 등 다양한 학문에 광범위하게 적용되었다.

1951년 내시는 그동안의 연구를 인정받아 매사추세츠 공과대학교[MIT]의 교수로 재직하게 되었다. 하지만 그의 강의는 난해하고 변칙적인 시험 방법으로 인해 인기가 없었다. 그럼에도 불구하고 그의 연구는 학계에서 창의적이고 독창적이란 인정을 받으며 천재 수학자로 명성을 쌓아갔다.

1957년 그는 제자인 앨리샤 라드Alicia Larde와 결혼했고 다음해에 30세의 나이로 필즈상 후보에 이름을 올렸다. 하지만 수상은 불발됐고 이 즈음 내시는 편집성 정신분열증 즉 조현병으로 불리는 정신질환을 앓기 시작했다.

내시는 정신병원에 입원해 치료를 받았지만 큰 차도가 보이지 않자 매사추세츠 공과대학교에서 받은 종신재직권을 내려놓았을 뿐만 아니라 요양을 위해 미국 시민권을 포기하고 유럽으로 떠나려고 했다.

하지만 가족의 만류로 조현병 치료를 받다가 병이 완화되자 유체역학에서 유동체 흐름 분석을 위한 편미분방정식의 활용에 대한 연구를 마무리했다. 이는 다른 수학자들이 편미분방정식을 이용해 나비에 스토크스 방정식에 대한 결과를 이끌어낼 수 있도록 해줬다.

1980년 후반까지 내시는 입퇴원을 반복하면서도 병이 조금이라도 호전되면 자신의 연구를 이어갔다. 하지만 그의 아내 앨리샤는 점점 지쳐가 1963년 이혼 소송을 냈고 결국 그들은 이혼했다.

1970년대부터 한밤중에 프린스턴 대학교 수학과 건물들을 돌아다니며 암호 같은 메시지를 칠판에 적어 파인 홀의 유령으로 알려졌던 내시는 이혼한 부인 앨리샤의 집에서 지내며 나름의 연구를 진행했고 1990년대에는 정신질환에서 회복되어 다시 매사추세츠 공과대학교의 교수로 돌아와 학생들을 가르치게 되었다.

그리고 1994년 게임이론에 기여한 공로로 노벨경제학상을 공동 수상했으며 2001년에는 그의 곁에서 치료를 도운 전부인 앨리샤와 재혼했다.

조현증이 호전된 내시는 활발한 활동을 해오다가 2015년 부인과 택시로 이동하던 중 교통사고로 사망했다.

수학자 내시가 노벨경제학상을 받을 정도로 그의 내시균형은 현대사회에 많은 영향을 미쳤다. 내시균형의 내용은 다음과 같다.

게임에 참여한 각 경기자가 상대방의 행동에 대응하여 자신에게 가장 유리한 전략을 선택해 하나의 결과가 나타났을 때 모든 경기자가 그 결과에 만족하고 더 이상 전략을 변화시킬 의도가 없을 때 이루어지는 균형을 말한다.

이 개념은 게임 참가자들이 주어진 상황에서 상대방의 전략을 알고 자신에게 가장 유리한 전략을 선택하는 것을 전제로 하고 있다. 참가자들은 상대의 대응 전략을 알고 최선의 선택을 함으로써 서로 자신의 선택을 바꾸지 않아 균형을 유지하게 된다는 것이다.

하지만 이와 같은 두 사람의 협력적 선택이 서로에게 최선의 선택임에도 불구하고 자신에게만 이익이 되는 선택을 해 자신뿐만 아니라 상대방에게도 나쁜 결과를 불러온다는 '죄수의 딜레마'는 내시균형을 설명해주는 대표적 예로 꼽힌다.

내시균형은 애덤 스미스의 '보이지 않는 손'의 원리를 따르던 당시 주류 경제학자들과 대립되는 것이었다. 자신의 이익을 극대화하려는 개인들의 행위는 결과적으로 사회 전체의 이익을 가져온다는 '보이지 않는 손'의 원리와는 달리 내시균형은 '죄수의 딜레마'에서 볼 수 있듯이 개인의 이익을 극대화한 행위가 결과적으로는 서로에게 손해를 끼칠 수도 있다고 주장한다. 때문에 내시는 애덤 스미스의 이론을 지지하던 주류 경제학자들의 반발에 직면해야 했다.

애덤 스미스.

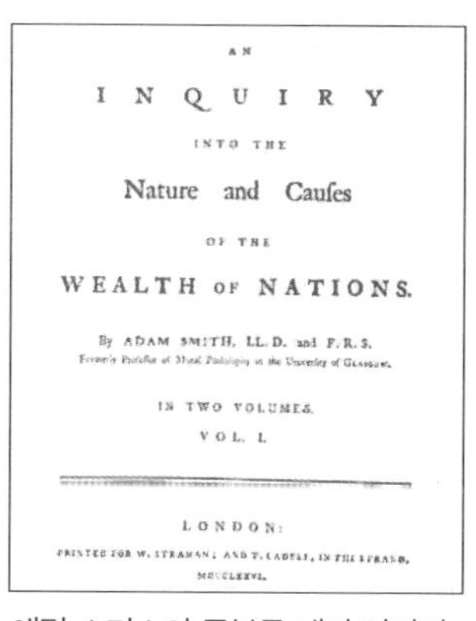

AN
INQUIRY
INTO THE
Nature and Caufes
OF THE
WEALTH OF NATIONS.
By ADAM SMITH, LL.D. and F.R.S.
IN TWO VOLUMES.
VOL. I.
LONDON:

애덤 스미스의 국부론 내지 이미지.

하지만 내시균형은 수학뿐만이 아니라 경제학과 사회학, 정치학 등에도 많은 영향을 주었고 현대사회에서는 블록체인과 인공지능AI를 비롯해 더 많은 분야에서 적용한다.

블록체인.

16

존 호턴 콘웨이

1937~2020년

'마법의 수학자'로 불린
퍼즐을 사랑한 수학자

John Horton Conway

콘웨이 수열

한국이 사랑하는 프랑스 작가 베르나르 베르베르의《개미》에는 독특한 수열이 나온다.

1	1행 (1로 시작한다)
1 1	2행 (1행 1이 1개로 읽는다)
1 2	3행 (2행은 1이 2개로 읽는다)
1 1 2 1	4행 (3행은 1이 1개, 2가 1개로 읽는다)
1 2 2 1 1 1	5행 (4행은 1이 2개, 2가 1개, 1이 1개로 읽는다)
1 1 2 2 1 3	6행 (5행은 1이 1개, 2가 2개, 1이 3개로 읽는다)
1 2 2 2 1 1 3 1	7행 (6행은 1이 2개, 2가 2개, 1이 1개, 3이 1개로 읽는다)
1 1 2 3 1 2 3 1 1 1	8행 (7행은 1이 1개, 2가3개, 1이 2개, 3이 1개, 1이 1개로 읽는다)
?	

《개미》에서는 이 수열의 9번째 수가 무엇인지 질문한다.

이 수열과 관련하여 존 콘웨이의 콘웨이 수열을 알면 매우 유익하다.

수열이란 어떤 규칙에 따라 차례로 나열된 수의 열을 말한다. 수열에서 나열된 각 수는 그 수열의 항이라고 하며, 항의 수가 유한하면 유한수열, 무한하면 무한수열이라고 한다. 대부분 수열은 무한수열을 뜻한다. 주로 일정한 규칙을 가진 수열을 많이 다루며, 규칙에 따라 등차 · 등비 · 조화수열 등으로 구분한다.

등차수열은 어떤 수에 차례로 일정한 수를 더해 만들어진 수열이고, 등비수열은 첫째 항에 차례로 일정한 수를 곱하여 그 다음 항이 만들어지는 수열이다. 조화수열은 각 항의 역수가 등차수열을 이루는 수열을 이야기한다.

콘웨이 수열

1 1 2 2 3 4 4 4 5 6 7 7 8 8 8 8 9 10 11…

콘웨이 수열 공식

$$A(n)=A(A(n-1))+A(n-A(n-1))$$

개미수열 9번째 답

1 2 2 1 3 1 1 1 2 1 3 1 1 3

게임수학의 대가 존 콘웨이

1937년 영국 리버풀에서 태어난 존 콘웨이John Horton Conway는 아버지의 과학적 수학적 사고력 교육을 받아 4살 때 이미 2의 거듭제곱을 암산할 정도로 수학적 재능을 발휘했다.

11살 때부터 케임브리지 대학의 수학교수가 목표였던 콘웨이는 학창시절 수학뿐만 아니라 대부분의 과목에서 우수한 성적을 자랑했고 케임브리지 대학 장학생으로 입학해 정수론의 대가인 해롤드 대번포트 교수의 지도를 받으며 대학원 수준의 연구를 했고 박사학위 논문으로는 고전 정수론의 난제를 증명해냈다.

1959년 수학사 학위를 취득하고 1960년에는 순수수학 연구로 브라운상을 수상했으며 1962년에는 수학박사 학위를 받아 11살 때 선언했던 대로 케임브리지 대학의 순수수학과 강사로 강단에 서게 되었다.

이 당시 기하학 퍼즐에 흥미를 가지고 연구 중이었던 콘웨이는 3차원 퍼즐인 소마 큐브를 분석하기도 했다.

소마 큐브는 서로 다른 7개의 물체를 3×3×3 정육면체 하나로 만들 수 있는 방법이 240개임을 밝혀냈고 이 소마 큐브에서 더 나아가 18개의 조각으로 5×5×5 정육면체 하나로 만들 수 있는 퍼즐을 만들어 콘웨이 퍼즐이라고 불렀다.

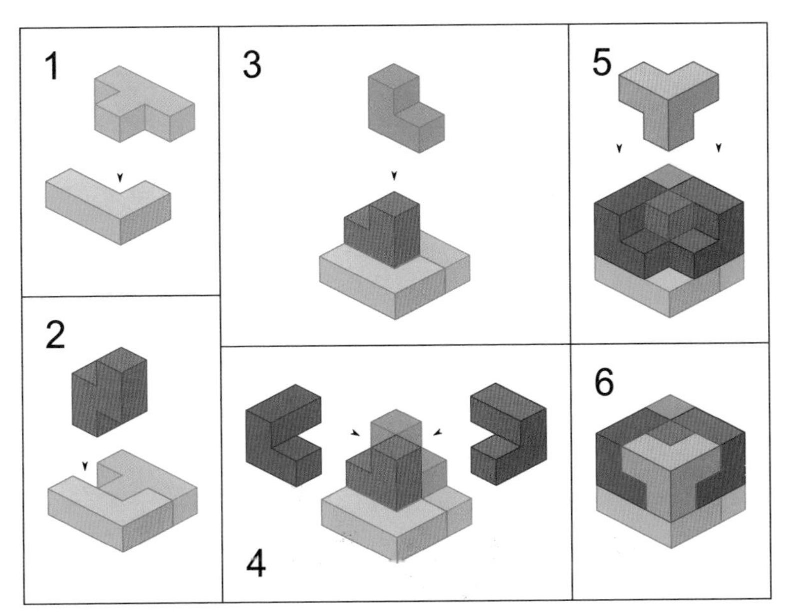

소마 큐브의 원리.

콘웨이의 이와 같은 연구는 평생 동안 계속된 것으로 알려져 있다. 퍼킨부인의 퀼트, 테셀레이션을 비롯해 폴리톱스라는 4차원의 기하학적 모양들에 대한 연구와 수학적 매듭이론을 발전시킨 콘웨이 매듭과 콘웨이 다항식도 발표했다.

콘웨이 매듭은 단순한 매듭들의 조합에서는 만들어질 수 없는 11개의 교차점이 있는 새로운 매듭이며 콘웨이 다항식은 대수학적 성질들이 연관된 매듭의 기하학적 성질들과 일치하는 다항식이다.

이와 함께 콘웨이가 집중적으로 연구했던 분야는 게임수학이다. 숫자게임을 비롯해 다양한 게임을 개발했던 콘웨이의 게임 중 가장 유명한 것이 '생명게임Conway's Game of Life'으로 세포 자동자의 일종이다.

바둑판처럼 정사각형으로 나누어진 공간에서 한 칸에 한 마리씩 있는 세포들의 삶과 죽음에 대한 게임이 펼쳐지는데 게임자가 세포들의 위치를 입력한 뒤 규칙에 따라 살게 되는 세포와 죽게 되는 세포가 정해진다.

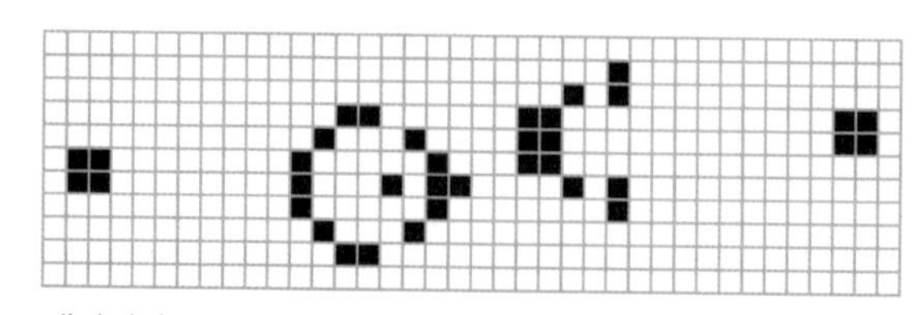

생명게임은 세포 자동자의 일종이다.

규칙은 단순하며 간단하게 설명하면 다음과 같다.

세포는 다음 세대로 넘어갈 때 생사가 결정된다. 이때 인접한 8개의 칸을 기준으로 죽은 칸과 인접한 8칸 중 세포가 살아 있는 칸의 그 다음 세대는 살거나 죽게 된다. 그리고 세포가 죽은 칸은 이웃하는 8개의 칸 상태에 따라 죽은 채로 있거나 다시 생명을 얻게 된다.

또 이웃 칸이 두 개가 안 되는 살아 있는 칸의 세포는 다음 세대에서 고립되어 죽는다. 반면 이웃 칸이 세 개 이상인 살아 있는 칸의 세포는 다음 세대에서 인구 과밀로 죽게 된다. 그리고 세 개의 이웃 칸을 가진 한 개의 죽은 세포 칸은 다음 세대에서 다시 살아난다.

즉 고립되거나 과밀되면 세포의 생명을 유지하기 힘들다.

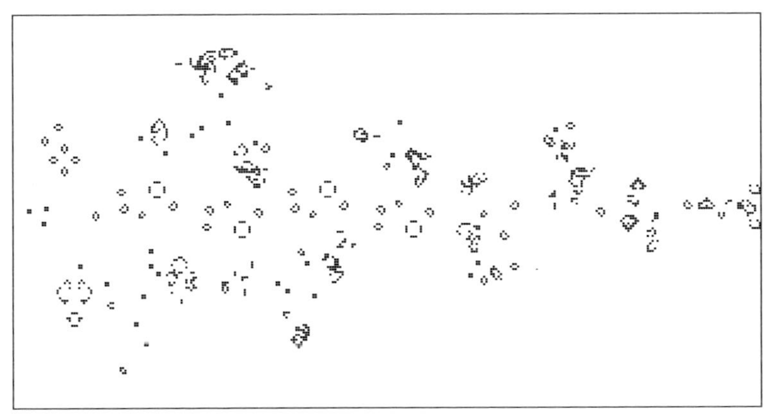

콘웨이의 생명게임 실행 이미지의 예.

콘웨이의 생명게임은 아주 단순한 규칙임에도 불구하고 무수히 많은 패턴이 만들어져 흥미롭게 전개되었기 때문에 사람들의 관심을 끌었다. 수학 작가인 마틴 가드너도 관심을 가져 10회에 걸쳐 칼럼으로 연재했을 정도였다.

또한 학자들은 콘웨이의 생명게임에서 착안해 삶과 죽음의 과정, 인구 역학에 대한 모의실험에 이를 적용하는 등 몇 가지 규칙을 정하고 복잡한 현상의 진화모델을 다루는 연구 셀룰러 오토마타를 발전시켰다.

대중적인 관심을 불러일으켰을 뿐만 아니라 컴퓨터 과학, 이론 생물학을 비롯해 인간, 사회, 경제, 환경 등 여러 분야에 복잡하게 얽힌 수많은 요소 및 현상들을 종합적으로 연구하고 이해하는 과학인 복잡계 과학 등 다양한 분야에서 폭넓게 연구될 정도로 현대 사회에 영향을 미치고 있다.

콘웨이의 생명게임 외에도 사람들에게 흥미를 불러온 연구가 있다. 그는 초현실적인 숫자들을 이용한 새로운 범주의 연구들도 매우 적극적이었으며 그중 하나가 바로 콘웨이 수열이다.

콘웨이 수열은 최초의 두 항이 $\mathrm{A}(1)=1$, $\mathrm{A}(2)=1$ 그리고 n번째 항이 $\mathrm{A}(n)=\mathrm{A}(\mathrm{A}(n-1))+\mathrm{A}(n-\mathrm{A}(n-1))$인 규정한 식이며 순환적으로 정의한 수열이다.

이 콘웨이 수열의 최초의 몇 개의 항들은 다음과 같다.

$$1\ 1\ 2\ 2\ 3\ 4\ 4\ 4\ 5\ 6\ 7\ 7\ 8\ 8\ 8\ 8\ 9\ 10\ 11 \cdots$$

콘웨이는 임의의 양의 정수 k를 만족하는 $A(2^k)=2^{k-1}$가 양의 정수 n과 n의 큰 값들을 위한 $A(2n) \leq 2A(n)$인 수열의 일반항이 $\frac{n}{2}$에 매우 가깝다는 것을 증명했다.

그리고 $n>N$일 때는 항상 $\left|\frac{A_n}{n}-\frac{1}{2}\right|<\frac{1}{20}$이 되는 정수 N을 찾는 사람에게 1만 달러의 상금을 주겠다고 해서 이 문제는 콘웨이의 1만 달러 수열로 알려졌다.

베르나르 베르베르의 《개미》에 등장하는 이 수열은 소설의 이름을 따서 개미 수열이라고도 부르는 데 《뻐꾸기의 알》이란 소설에도 등장해 뻐꾸기 알 수열이라고도 부른다.

수학자로 50여 년을 살면서 10권의 저서를 집필하고 150여 개가 넘는 논문을 발표했을 정도로 왕성한 연구활동을 했던 콘웨이의 업적 중 사람들에게 가장 잘 알려져 있는 것은 역시 생명게임이다. 이를 통해 세포 자동자와 게임을 수학적으로 분석하는 수학게임 분야에 대한 수학자들의 이해를 변화시켰고 수학의 발전에도 공헌했을 뿐만 아니라 기하학적 퍼즐, 매듭이론, 유한군 등 다양한 수학 분야에 대한 업적으로 수학계에서 인정받으며 버위크 상을 수상하고 케임브리지 대학을 비롯해 런던 왕립학회 등의 회원으로 선출되는 등 수학자로서의 명예로운 자리에 올랐다.

그리고 2020년 4월 코로나19로 마법의 천재라고 불리던 이 수학자는 세상을 떠났다.

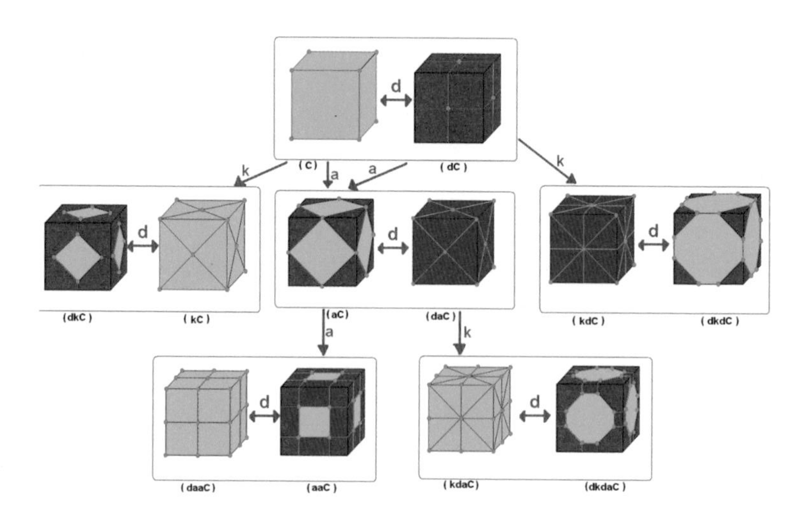

콘웨이 다면체 표기법(Conway polyhedron notation).

17

앤드류 와일즈

1953년~

페르마의 마지막 정리를

증명한 수학자

Andrew John Wiles

페르마의 마지막 정리

'n이 2보다 큰 정수일 때, $x^n+y^n=z^n$을 만족하는 양의 정수 x, y, z는 존재하지 않는다.'를 증명하다!

페르마는 자신의 책 정수론의 여백에 위와 같은 간단한 수식을 적었다. 그 간단한 수식이 350여 년간 많은 수학자들에게 골칫거리가 되며, 난해한 수학 증명인지는 아무도 그 당시 예측하지 못했다. 오일러도 페르마의 책 여백의 메모와 수식을 보고, 부분적으로 증명했으나 완전한 증명에는 실패했다.

페르마.

d in transuerso latere feratur, &
onem ipsam continget.
mferentia, cuius diameter a b; sumaturq;
b eo linea c d ordinatim applicetur: fiat
r c c. Dico lineam c e sectionem con-
sumpto in ea aliquo puncto f ordinatim
ur a l, b k, quæ ipsi e c æquidistent: & iun-
r. Itaque quoniam ut b d ad d a, ita est

item b e ad e a, ita b c ad c x, hoc est b k ad
est igitur a n ipsi n x. & propterea rectan-
linea n x ad x o maiorem habet propor
a k b ad b m. ergo k b ad b m maiorem
rectangulum, quod fit ex k b, a n maius
ngulum ex k b, a n ad quadratum c e ma
lum ex m b, a o ad quadratum c e. at ue-
c e, sic rectangulum b d a ad quadratum
a n d, c c d. & ut rectangulum ex m b, a o

A
4. sexti.
1. sexti
9. quinti.
B
C
F

페르마는 독서를 하면서 여백에 증명 등의 메모를 하는 습관이 있었다.

19세기 중반까지는 n이 3, 4, 5, 7일 때 페르마의 마지막 정리가 증명됐다. 그러나 n이 2보다 큰 모든 정수에 성립하여야 하기 때문에 증명이 끝난 것은 아니었다.

1980년대에는 25000 이하의 n에 대해서 성립하는 것을 증명했고, 1990년대 초반에는 n이 400만 이하까지 성립하는 것을 증명했다.

그 과정에서 많은 수학자들이 페르마의 마지막 정리는 증명이 불가능한 명제가 아닌가하는, 불가해하다는 비관적 견해를 갖기에 이르기도 했다.

분명한 것은 정수론은 페르마의 마지막 정리로 상당한 발전을 이루었다는 것이다.

1993년 6월 23일에 앤드류 와일즈는 페르마의 마지막 정리를 증명했음을 공식 발표한다. 10여 년 간의 연구 끝에 이룬 성과였다. 하지만 오류가 발견되어 2년 간의 수정을 거쳐 결국 증명은 참임이 선언되었다.

앤드류 와일즈는 페르마의 마지막 정리를 증명하는 과정에서 페르마가 정립했던 '타원함수론'과 '갈루아 군', '다니야마-시무라의 추론', '콜리바긴-플라흐의 방법', '귀납법' 등 여러 방법을 사용했다.

그럼에도 아직 의문이 남아 있다. 혹시 페르마는 앤드류 와일즈의 방법 외에 다른 방법으로 증명한 것은 아닐까?

수학사 최고의 난제였던 '페르마의 마지막 정리'를 증명한 수학자

페르마Pierre de Fermat는 당시 읽고 있던 정수론 책 여백에 'n이 3보다 큰 정수일 때, $x^n+y^n=z^n$을 만족하는 양의 정수 x, y, z는 존재하지 않는다'를 증명했지만 여백이 부족해 증명의 결과를 남기지 않는다고 기록했다.

낙서처럼 남긴 이 말은 그 후 350여 년간 수많은 수학자들이 증명하기 위해 매달렸으며 위대한 수학자들의 도전 속에서 세기의 문제로 꼽히게 되었다.

이 문제에 대한 수많은 에피소드들은 앤드류 와일즈가 등장하면서 좀 더 생생한 드라마가 되었다.

10살 때 동네 도서관에서 우연히 읽게 된 수학 책에서 페르마의 마지막 정리를 발견한 와일즈는 300여 년의 시간 동안 수많은 수학자들이 도전했지만 실패한 것을 알고 이 난제를 증명하기로 결심한다. 그로부터 30여 년이 흐른 41세에 마침내 앤드류 와일즈는 결국 증명에 성공해 인간 승리를 이룬다.

그렇다면 우린 여기에서 무엇을 봐야 할까? 상금이 걸리고 인류가 풀어야 할 10대 난제 중에서 가장 손꼽히던 페르마의 마지막 정리가 증명된 드라마 같은 역사 현장을 살펴본 것으로 만족해야 할까?

앤드류 와일즈는 페르마의 마지막 정리를 증명해 페르마상, 울프상, 아벨상을 수상하고 기사 작위를 받았으며 40세가 넘어 받지 못한 필즈상 대신 기념 은판을 수여할 정도로 수학적 업적을 인정받았다.

페르마의 마지막 정리가 새겨진 비석 앞에서 미소 짓는 앤드류 와일스.

그렇다면 과연 페르마의 마지막 정리의 증명이 저 수많은 상을 받을 정도로 대단했던 것일까?

학자들은 페르마의 마지막

정리를 증명하기 위해 동원된 수학 이론들이 다양하게 변주되고 통합되어 수학의 전체적인 발전을 이끌어 낸 종합수학사적 작품의 완성과 같다고 평가한다.

350여 년간 시대의 난제로 꼽혔던 페르마의 마지막 정리를 증명하는 것은 단순히 문제를 푸는 것이 아니라 현대 수학까지 수학적 지식을 모아 증명하는 수학의 총체적 산물이자 인류의 지식이 진보되었음을 증명하는 것과 같았던 것이다.

하지만 여전히 의문은 남는다.

페르마의 마지막 정리의 증명에 사용한 이론들은 페르마 사후에 나온 수학 이론들이다. 그렇다면 이 정리의 놀라운 증명법을 발견했지만 여백이 좁아 남기지 않겠다고 했던 페르마의 글에서 나온 놀라운 증명법에 쓰인 방법은 어떤 것이었을까?

페르마의 증명법에는 현대 수학이 들어 있지 않을 테니까 앤드류 와일즈가 증명한 것은 진정한 페르마의 마지막 정리가 맞는 것일까?

정말 페르마가 증명했다면 당시 수학적 지식만으로 증명을 해낼 수는 없는 것일까?

이 의문에 대해서는 두 가지 가설이 있다.

1 페르마는 증명하지 못했고 당시 수학자들을 놀리는 즐거움

에 쓴 허풍일 뿐이다.

2 페르마는 당시의 수학적 지식을 이용해 실제로 증명했지만 우리가 아직 찾아내지 못한 것이다.

과연 진실은 무엇일까? 2를 믿는 수학자들은 아직도 페르마가 살았던 시대의 수학 이론으로 마지막 정리를 증명하기 위해 도전하고 있다.

그리고 기네스북에 오를 정도로 세기의 난제로 꼽히던 페르마의 마지막 정리가 증명되자 허탈해진 수학자들에게 클레이수학연구소는 2005년 와일즈를 비롯한 수학자들에게 요청해 수학 난제 7개를 선별해 발표했다.

이에 따라 소개된 것이 바로 밀레니엄 수학 7대 난제이다. 현재 푸앵카레 추측만이 유일하게 증명되었으며 6개의 난제는 여전히 남아 있다.

밀레니엄 7대 난제는 다음과 같다.

버츠와 스위너톤 다이어 추측 Birch and Swinnerton - Dyer Conjecture

타원 곡선을 유리수로 정의하는 방정식에서 유리수 해가 유한개인지 또는 무한개인지 알 수 있는 기초적인 방법의 존재 여부에 대한 추측.

푸앵카레 추측 Poincare Conjecture

3차원 공간에서 폐곡선이 수축되어 하나의 점이 모일 수 있다면, 그 공간은 구로 변형할 수 있다는 추측.

호지 추측 Hodge Conjecture

복소 대수 다양체의 대수적 위상에 관한 문제. 대수 기하학의 주요 미해결 문제의 하나이다.

P 대 NP 문제 P vs NP Problem

현실적으로 주어진 시간내 문제를 해결할 수 있는 문제는 P 문제이다. 그리고 문제의 답이 조건에 맞는지 확인할 수 있는 문제는 NP 문제이다. 대체로 P 문제는 쉬운 문제이다. NP 문제는 알고리즘의 발견이 힘들기에 어려운 문제이다. 일반적으로 모든 P 문제는 NP 문제이다. 그렇다면 NP 문제이면서 P문제가 아닌 것이 존재할까? 즉 $P=NP$ 인지 $P\neq NP$인지 증명해야 한다. 이것이 P 대 NP 문제이다.

나비에 스토크스 방정식 Navier-Stokes Equation

유체의 운동과 흐름을 설명하는 편미분방정식의 해를 구하는 문제이다. 해류나 비행기 날개 주위를 흐르는 공기의 움직임 등을 설명하는 데 활용하는 공식으로 세계를 바꾼 10대 방정식으로도 꼽힐 정도로 중요한 방정식이다.

양-밀스 이론과 질량 간극 가설 Yang-Mills existence and mass gap

양자물리학에서 나온 '원자 양-밀스 이론'과 '질량 간극가설'을 수학적으로 입증하라.

이 가설의 증명이 참임을 인정받기 위해서는 양-밀스 이론이 존재함을 증명해야 하며 현대 수리물리학에 사용하는 엄밀함도 만족시켜야 한다. 이 외에도 만족시켜야 하는 조건이 몇 가지 더 있다.

리만 가설 Riemann hypothesis

'리만제타(ζ) 함수'로 불리는 복소함수의 특별한 성질에 관한 것을 말하는 리만 가설은 1과 자신으로만 나누어지는 수인 소수의 성질에 관한 것이다.

국어사전에는 리만 제타 함수의 자명하지 않은 영점은 $x=\frac{1}{2}$인 직선 위에 있음을 증명하는 것이다.

그런데 리만 가설을 증명하면 공개키 암호체계가 뚫릴 수 있기 때문에 리만 가설의 증명을 바라지 않는 사람들도 있다. 현재 공개키 암호체계를 뚫을 수 있는 방법은 빠르게 소인수분해하는 것인데 리만 가설이 참이 되면 공개된 수보다 작은 소수를 빠르게 찾을 수 있는 방법이 생기기 때문이다.

이 문제들을 증명하면 약 2년 동안 검증과정을 거쳐 참임을 인정받아야 한다. 만약 증명이 참이라면 각 문제당 100만 달러의 상금을 받을 수 있다. 그리고 지금까지 많은 수학자들이 도전했지만 성공한 수학자는 없다.

18

잉그리드 도브시

1954년~

새로운 웨이블릿을 개발해
우리 생활을 편리하게 해준
수학자이자 물리학자

Ingrid Daubechies

현대인의 일상에
편리함과 큰 변화를 불러온
웨이블릿

디지털 신호 처리 및 탐사 지구 물리학에서 수십 년 동안 사용해온 웨이블릿wavelet은 프랑스어에서 기원했으며 작은 파동이란 뜻을 담고 있다.

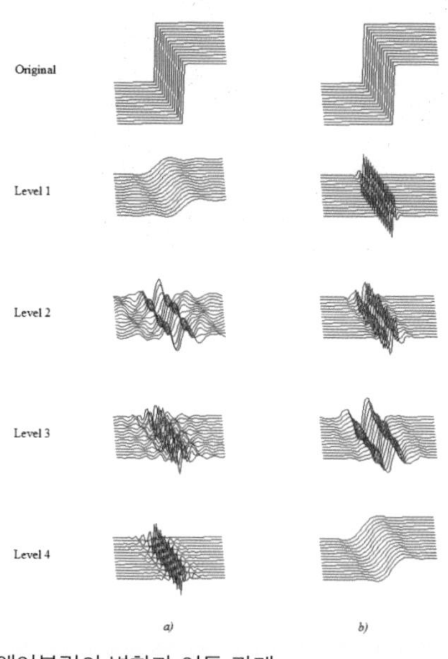

웨이블릿의 변환과 이동 관계.

웨이블릿은 0을 중심으로 증가와 감소를 반복하는 진폭을 수반한 파동 같은 진동으로, 지진계나 심박 체크에서 볼 수 있는 짧은 진동의 형태이다.

음악, 지질학, 의학 분야에서 이용하며 오디오 신호, 이미지뿐만 아니라 다양한 종류의 데이터에서 정보를 추출하는 데 사용하는 수학적 도구이다.

현대사회에서 웨이블릿의 활용도는 갈수록 높아지며 4차산업시대 빅데이터의 활용에도 사용자의 아이디어에 따라 새로운 발견으로 이어질 수 있다.

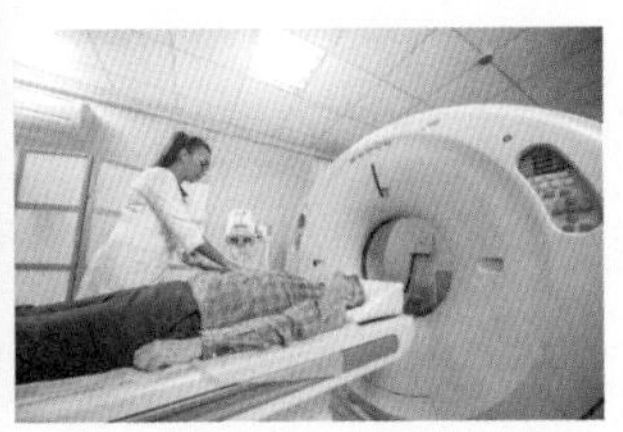

웨이블릿은 음악, 의학, 지질학뿐만 아니라 더 많은 분야로 확장되어 이용 중이다.

도브시 웨이블릿으로 현대인의 삶을 바꾼 수학자

국제수학연맹IMU의 첫 여성 회장이자 2019년 로레알-유네스코 여성과학자상을 수상한 잉그리드 도브시Baroness Ingrid Daubechies는 도브시 웨이블릿으로 유명하다.

브뤼셀 자유대학교VUB에서 물리학을 전공하고 같은 대학에서 이론물리 박사 학위를 받은 수학자이자 물리학자로 현재 미국 듀크대 석좌교수로 강의와 연구를 함께 병행하고 있다.

1954년 벨기에에서 태어난 도브시는 초중고 시절 수학과 과학을 잘하는 학생이었다. 브뤼셀 대학교에 입학해 처음 2년간은 주로 수학 과목을 들었지만 전공은 물리학을 선택했다. 학사 학위를 받은 뒤 같은 대학에서 5년 동안 이론물리학을 공부해 박사학위를 받았고 그 기간 동안 물리학과 학생들에게 강의를 했다.

그녀는 아원자 입자의 운동이나 운동량 결정 함수를 연구해 논문 〈복소해석적 양자화를 위한 고차원미분의 응용〉을 수리물리학 잡지에 발표했다.

또한 디데릭 아츠와 함께 힐베르트 공간에서의 양자물리학 응용을 연구해 5편의 논문을 발표했다.

박사학위를 받은 도브시는 브뤼셀 대학교의 연구 조교가 되었지만 휴직계를 내고 1981년부터 1983년까지 프린스턴 대학과 뉴욕 대학의 수리과학 연구소 연구원으로 지냈다.

이때의 연구는 논문 〈상대론적인 운동에너지를 가진 단전자 분자; 이산스텍트럼의 성질〉로 발표했다. 또한 박사학위 논문으로 발표했던 미립자의 위치와 운동량을 결정하기 위해 힐베르트 공간에서의 함수 사용 연구를 확장한 논문으로 5년에 한 번 벨기에 과학자들에게 29세 이하의 과학적 업적이 돋보이는 루이 엠파인 상(1984년) 중 물리학 분야를 수상했다.

1985년 도브시는 파동 형태를 나타내기 위해 웨이블릿을 연구하기 시작했다. 그리고 벨 연구소의 수학연구센터로 옮겨 신호 처리를 위한 수학적 기술 개발과 분석을 시작했다. 이는 전기 또는 전자 신호를 전송처리하고 저장복구하는 응용수학의 한 분야였다.

함수를 더 간단한 요소들의 합으로 표현하기 위한 연구는 푸리에의 연구가 초석이 되었다. 과학자들과 엔지니어들은 푸리에 급수를 이용해 소리의 파동과 주기 함수들을 사인과 코사인 함수의 무한합으로 표현할 수 있게 되었기 때문이다.

이를 기반으로 수학자들의 연구는 계속되었고 1980년대에는 웨이블릿의 일반이론으로 발전시켰다. 그리고 석유탐사를 하기 위해 지지파 기술을 개선하는 연구를 진행 중이던 장 모를렛이 웨이블릿 개념을 세웠다.

장 모를렛은 웨이블릿이 일정한 형태를 갖춘 기본 함수들이며 이동하거나 확장시키거나 축소시켜도 원래의 형태를 유지한다고 정의했다.

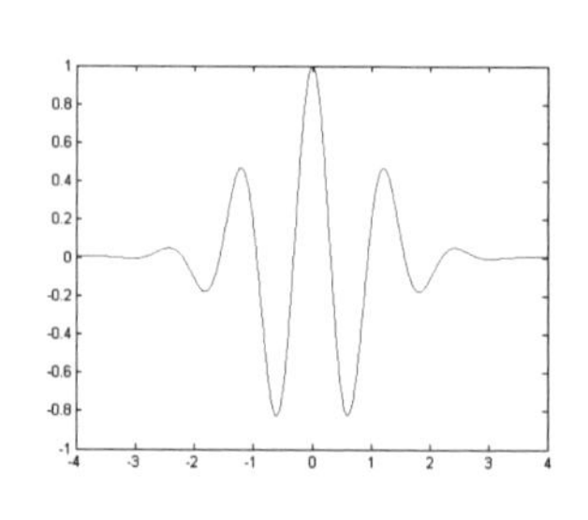

장 모를렛의 웨이블릿 이미지,

웨이블릿에 대한 연구는 계속되어 물리학자 마이어Yves Meyer는 직교 웨이블릿 체제를 도입했다. 컴퓨터 과학자 맬라트Stehane Mallat는 웨이블릿 계산 과정을 각각의 신호 중 작은 부분들의 평

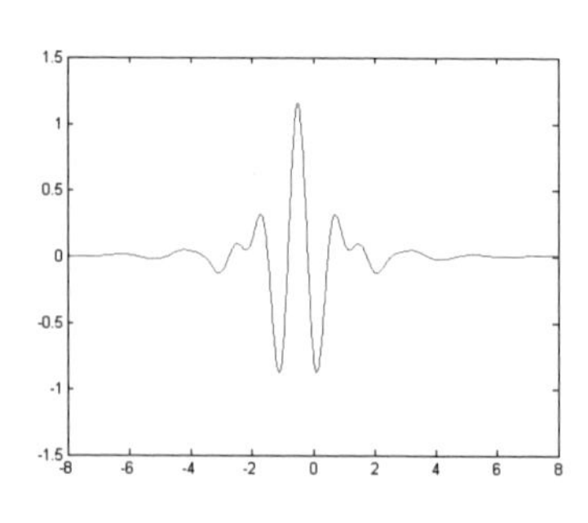

마이어 웨이블릿 이미지.

균과 차를 계산하는 것으로 변형시켰고 1987년에는 도브시가 집약적 지원compact support이라는 새로운 개념의 도브시 웨이블릿을 개발했다.

도브시 웨이블릿은 컴퓨터의 디지털 필터링 기술을 실현 가능하게 했고 논문 뒷부분에 담긴 도브시 웨이블릿의 합을 이용해 함수를 표현하는 방법에 대한 계수들의 정보표는 엔지니어들이 디지털 형태의 전기신호들을 처리할 때 적용 가능하도록 했다. 이로 인해 수많은 수학자, 과학자, 엔지니어들이 웨이블릿을 쉽고 다양하게 사용할 수 있게 되었다.

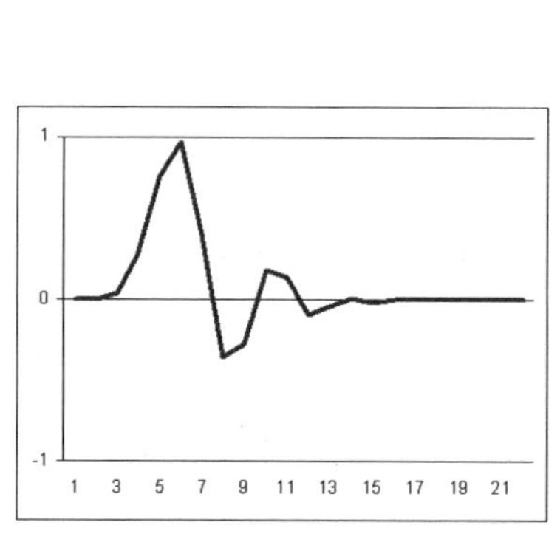

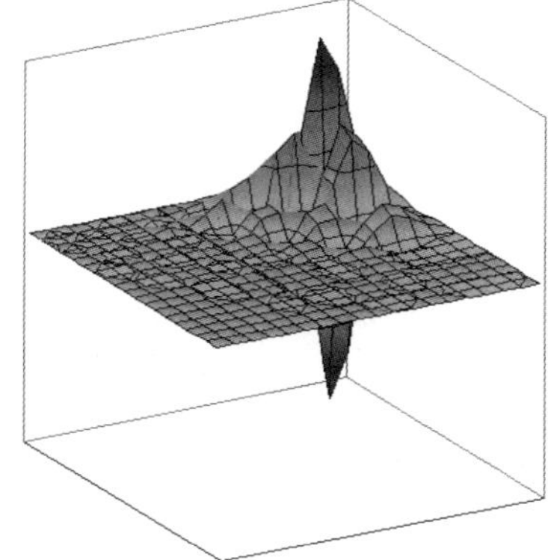
도브시 웨이블릿 이미지.

2008년 도브시는 자신이 이끄는 듀크대 수학과 연구팀과 함께 수학적 함수를 기본적인 파동 형태의 합으로 표현 가능한 쉬운 계산법인 도브시 웨이블릿을 개발했다. 이는 전기 신호와 이미지를 저장하고 효과적으로 분석하는 기술로, 다양한 분야에 적용하며 그중에는 미술 작품의 진위 판별도 있다. 도브시는 자신의 연구팀과 함께 직접 반 고흐의 작품 6점 중 위작을 찾아내는 데 성공했다.

방법은 다음과 같다.

1 원작 그림을 디지털 이미지로 바꾼다.
2 작품의 일부를 확대한 뒤 물감이 칠해진 층별로 나눠 붓칠을

반 고흐의 〈연인이 있는 관목 풍경〉 일부 확대 이미지.

반 고흐의 〈연인이 있는 관목 풍경〉 전체 이미지.

세밀하게 관찰한다.

3 이 단계에서 작가가 주저하며 그린 붓칠의 상태 수치로 정량화했다.

4 고흐의 진품 원작과 비교해 고흐의 원작보다 주저하며 그린 수치가 높으면 위작으로 판단한다.

이는 위작이 아무리 똑같이 그려졌어도 반 고흐의 작품을 위작하기 위해 주저했던 흔적이 붓칠의 세기나 강도, 윤곽 등에 남을 수밖에 없기 때문에 위작과 진품의 붓칠의 모든 정보가 완전히 동일할 수 없다는 점을 이용한 것이다.

잉그리드 도브시 교수팀은 도브시 웨이블릿을 이용해 99%의 정확도로 위작을 밝혀냈다.

잉그리드 도브시는 누구나 인터넷을 이용한 원활한 협업이 가능하므로 수학 연구를 위한 길은 열려 있다고 말한다.

이젠 2살 때부터 계산을 하고 10살에 소인수분해를 하던 천재들만이 수학을 하는 시대가 아니라 열린 사고를 하며 천문학적 수를 빠르고 정확하게 계산 가능한 컴퓨터를 이용해 수학자의 길을 걸을 수 있는 시대가 된 것이다.

웨이블릿은 종류가 다양하기 때문에 응용분야에 따라 선택해서 사용하면 된다는 유연성을 보여주며 웨이블릿 변환은 시간

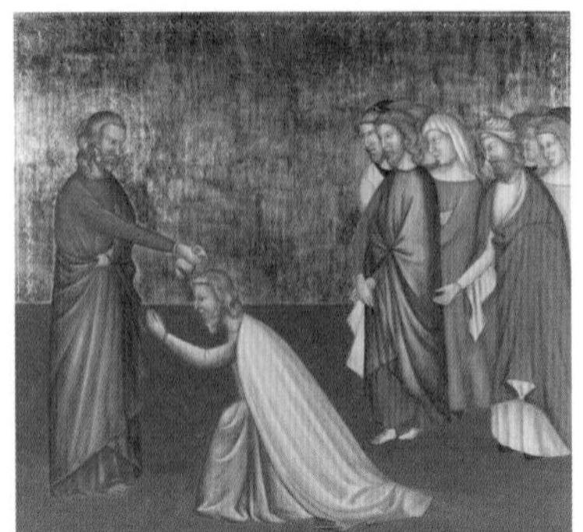

도브시 연구팀은 웨이블릿을 이용해 〈세레 요한의 제단화(North Carolina Museum of Art 소장)〉 복원에 성공했다. https://www.quantamagazine.org/using-mathematics-to-repair-a-masterpiece-20160929/

적으로 한정된 웨이블릿 함수를 기본함수로 사용하고 있다.

도브시는 도브시 웨이블릿에 대한 연구를 확장시키고 응용해서 부가적인 기술을 개발하는 한편 전 세계에 그녀의 연구를 소개했다.

바이오 의약 분야에서는 도브시의 기술을 이용해 심전도, 뇌파도, 단층 촬영과 같은 이미지 설비들의 신호를 처리하고 분석해 해부학적으로 높은 신뢰성을 얻어냈다. 이를 통해 얻은 이미

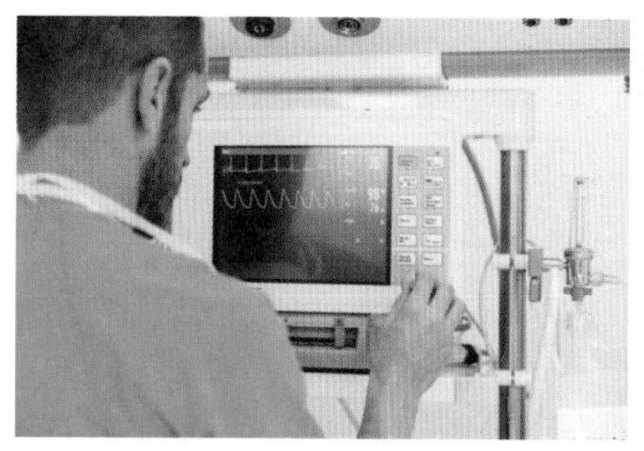

심전도.

단층 촬영.

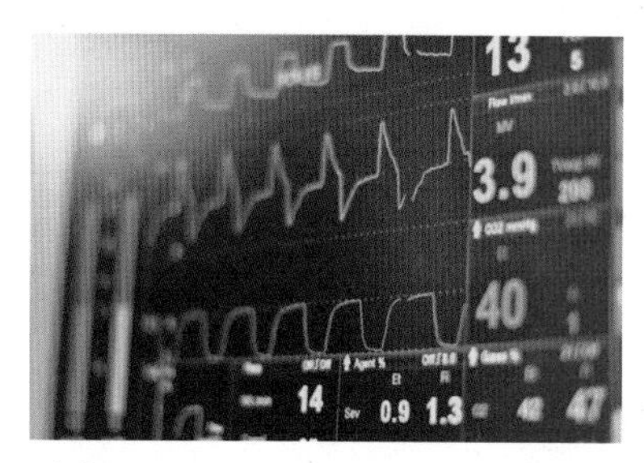

뇌파도.

웨이블릿 변환은 의학 분야에서 다양하게 이용한다.

지들은 기형이나 질병 흔적을 분석하고 찾아내 효과적으로 대응할 수 있는 길을 열어줬다.

지질학자들은 암석을 통과한 웨이블릿의 파동 이미지를 이용해 물질을 연구하고 있으며 석유나 석탄 또한 이를 이용해 매장지를 찾을 수 있다.

그리고 21세기에 와서는 웨이블릿을 이용해 디지털 이미지 저장 기술을 진일보시키는 새로운 기술이 개발되었다.

1991년 도브시는 프랑스의 수학자 제퍼드, 주르네와 함께 푸

웨이블릿의 다양한 연구와 발전이 〈겨울왕국〉 〈아바타〉 등의 영화를 가능하게 만들었다.

리에 급수의 장점과 웨이블릿의 장점을 결합해 새로운 파동분석 도구를 개발하는 등 왕성한 연구 활동들을 100여 편이 넘는 논문으로 발표했으며 수학 공동체 발전에도 힘을 쏟고 있다.

뿐만 아니라 프린스턴 대학에서 제자를 양성하고 응용수학이 반영된 어린이들을 위한 교육프로그램 개발에도 참여했고 현재는 듀크대 석좌교수로 활동 중이다.

그녀의 연구를 바탕으로 기상 예보 시스템을 개발 중인 과학자들도 있으며 웨이블릿 분야의 개발이나 연구를 위해서는 그녀의 논문을 필수적으로 참고해야 할 정도로 도브시가 응용수학 분야에 미친 영향은 크다.

기상 예보 시스템 개발에도 웨이블릿 변환을 이용한다.

당장 눈을 돌려 우리 주변을 보면 그녀의 연구 흔적들을 얼마든지 발견할 수 있을 것이다. 영화관, 병원, 신호등, 핸드폰 등 그녀의 연구를 적용한 대상들은 무수히 많다.

찾아보기

기호 · 숫자 · 영문

ㄱ

ㄴ

ㄷ

ㄹ

ㅁ

ㅂ

ㅅ

ㅇ

ㅈ

ㅊ

ㅋ

ㅌ

ㅍ

ㅎ

참고 도서

누구나 수학 위르겐 브릭 지음 | 정인회 옮김 | 오혜정 감수

달콤한 수학사 5 마이클 j. 브레들리 지음 오혜정 옮김

빅퀘스천 수학 조엘 레비 지음 | 오혜정 옮김

천재들의 수학 노트 박부성 | 향연

컴퓨터인터넷 IT용어대사전 전산용어사전편찬위원회 | 일진사

한 권으로 끝내는 수학 페트리샤 반스 스바비, 토머스 E. 스바니 지음 | 오혜정 옮김

참고 사이트

두산백과 두피디아 www.doopedia.co.kr

수학백과 대한수학회

위키백과 ko.wikipedia.org

이 외에도 다양한 기사와 자료를 참조했습니다.
혹시 참고했음에도 기록하지 못한 자료가 있을 수도 있습니다.
기록이 안 된 자료는 찾게 되면 개정판에 올리겠습니다.

이미지 저작권

표지 이미지

www.onlinewebfonts.com, www.utoimage.com
wikimedia.org, www.freepik.com, publicdomainvectors.org
openclipart.org, www.shutterstock.com

본문 이미지

58p	www.shutterstock.com
60p 왼	CC-BY-SA-4.0; Steelpillow
75p 아래	CC-BY-SA-3.0; no conegut
111, 123p	www.shutterstock.com
142p	CC-BY-SA-2.5; Juan Alberto Sanchez Margallo
145p	CC-BY-SA-3.0; Kmhkmh
155p	CC-BY-SA-3.0; Economicforum
158p	www.shutterstock.com
165p	CC-BY-SA-4.0; Tanyakh
175p	CJ Mozzochi, Princeton NJ
176p	CC-BY-SA-3.0; Klaus Barner